다카교의 달콤한 디저트 이야기 첫 번째

캐러멜과 초콜릿으로 만든 과자

다카코의 달콤한 디저트 이야기 첫 번째

캐러멜과 초콜릿으로 만든 과자

이나다 다카코 **지음** | 은수 옮김

랜덤하우스

캐러멜 과자와 초콜릿 과자

캐러멜과 초콜릿이라는 전혀 다른 재료로 만드는 것이지만,
이 두 가지 과자에 어딘가 닮은 구석이 있다는 느낌을 받았습니다.
레시피를 조금만 바꾸어도 때로는 천진난만한 아이 같은 과자가,
때로는 성숙한 어른들의 과자가 만들어진다는 것을 알았지요.
예를 들어, 연갈색의 캐러멜과 밀크초콜릿으로 만든 과자는 귀여운 응석꾸러기,
혹은 아직 사랑을 동경하는 소녀의 마음을 담고 있는 듯합니다. 반면, 같은 레시피이지만
짙은 갈색 캐러멜과 비터 초콜릿으로 만든 과자는 단맛 끝에 느껴지는
쓴맛, 신맛이 마치 성숙한 여인의 애절한 사랑을 담고 있는 것 같아요.
과자를 처음 만들게 된 이유를 물으면 "사랑하는 사람에게 선물하고 싶어서였다"고
대답하는 사람이 많습니다. 누구나 가슴에 몇 편의 드라마와 같은
사랑을 간직하고 있을 것이고, 그 기억이 다이아몬드처럼 빛날 것입니다.
지금 자신에게 가장 소중한 사람을 떠올리면서, 그리고 소녀 시절의 설렘을 떠올리고
그리워하면서 마음속 보물 상자에 숨겨둔 추억을 살그머니 꺼내보세요.
여러 권의 연애소설을 되짚어가듯 달콤한 기분에 흠뻑 취해 과자를 만들다보면
행복한 베이킹 타임이 될 것입니다.

이나다 다카죠

CONTENTS

이 책에서는

- 1큰술은 15㎖, 1작은술은 5㎖입니다.
- 달걀은 큰 것을 사용합니다.
- 버터는 모두 무염 버터를 사용합니다.
- 전자레인지는 500W를 기준으로 사용합니다. 기종에 따라 가열 시간이 다를 수도 있으므로 시간을 조절해주세요.
- 오븐은 가정용 가스 오븐을 사용합니다(미니 오븐을 사용해도 무방합니다).
- 소금 조금은 세 손가락으로 살짝 집은 양입니다.

CARAMEL
캐러멜 과자

캐러멜과 사랑에 빠졌어요!

언제부터인가 캐러멜 맛에 빠져 계속해서 캐러멜 과자를 만들었어요.

설탕을 불에 올려 졸이다보면 먹음직스럽게 색이 나는 캐러멜. 거기에 생크림을 넣으면 캐러멜크림이 됩니다.

캐러멜이 연갈색에서 갈색으로, 다시 짙은 갈색으로 변해가는 모습은 볼 때마다 신기합니다.

생크림을 넣었을 때 부르르 끓어오르는 모습을 저는 아직도 재미있게 지켜보곤 하지요.

캐러멜 과자의 특징은 달콤한 냄새와 깊은 감칠맛, 그리고 매력적인 쓴맛입니다.

이 뭉클하고 짜릿한 쓴맛이 없으면 뭔가 부족한 느낌이 들어요.

그래서 설탕을 얼마나 가열하고, 어떤 캐러멜 맛을 내느냐가 포인트예요.

하지만 캐러멜의 양은 먹는 사람 개인의 취향에 따라 다양하게 맞출 수 있습니다.

그것이 바로 손수 과자를 만드는 기쁨이기도 할 테고요.

쓴맛이 익숙하지 않은 분들이나 아이들이 먹는 과자는 캐러멜의 양을 조절해 쓴맛을 줄여서 만들 수 있습니다.

쓴맛의 매력을 즐기는 여성 분들은 진한 캐러멜을 듬뿍 넣으세요!

여러분의 부드러운 마음을 캐러멜에 녹여 맛있는 과자를 만들어보세요.

캐러멜을 만들기 위해 필요한 준비물

〈기본 재료〉

흰설탕

시판되고 있는 것을 쓰면 된다. 흰설탕은 느끼함 없이 깔끔한 맛을 낸다. 과립형 설탕인 그라뉴당을 이용해도 좋다.

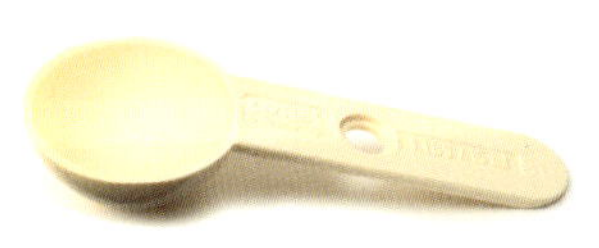

물

설탕을 녹일 때 필요하다. 물을 넣지 않아도 괜찮지만 조금 넣으면 설탕이 더 빨리 녹는다.

생크림

우유를 가공해 동물성지방을 첨가한 생크림. 유지방 함량이 40~45% 정도인 것을 사용하면 고소하고 깊은 맛의 캐러멜크림을 만들 수 있다.

〈기본 도구〉

내열 계량컵

재료의 분량을 재거나 생크림을 전자레인지에서 데울 때 사용한다. 끓어오르면서 넘치기도 하므로 크기가 큰 계량컵이 편리하며 안이 보이는 반투명이나 투명한 제품이 좋다.

작은 냄비

주물이나 법랑 냄비, 바닥이 여러 겹으로 된 스테인리스 냄비, 구리 냄비 등 열에 잘 견디는 두꺼운 냄비들은 한쪽이 심하게 그을리는 경우도 없고 손질도 쉽다. 냄비의 크기는 만드는 양에 맞춰 고르도록 한다(캐러멜크림을 만들 때는 지름 14~16㎝의 작은 냄비가 알맞다).

고무주걱

고온 상태의 캐러멜을 섞어야 하므로 내열성이 강한 고무주걱을 사용한다. 특수 플라스틱이나 실리콘 재질의 주걱, 나무주걱 등을 사용해도 된다.

캐러멜크림 만들기

캐러멜 과자를 만드는 방법은 아주 다양하지만, 가장 간단하고 쉬운 요령은 미리 캐러멜크림을 만들어두었다가 과자 반죽에 넣는 것입니다. 구운 과자, 생과자, 차가운 과자 등 무엇이든 간단하게 캐러멜 특유의 맛을 낼 수 있어요. 이 책에서도 자주 사용하는 캐러멜크림 만드는 방법을 사진과 함께 소개합니다. 레시피는 한 번에 만들기 쉬운 양으로, 400㎖ 정도의 용기에 딱 맞는 분량입니다. 많이 필요하지 않으면 1/2 분량으로 하셔도 됩니다.

약 300g 분량

흰설탕 · 150g
물 · 1큰술
생크림 · 200㎖

1 작은 냄비에 흰설탕과 물을 넣고 중간 불에서 끓여 설탕을 서서히 녹인다.

2 흰설탕이 연갈색에서 갈색으로 변하면 젓지 말고 가만히 기다린다. 저으면 설탕이 결정화되어 캐러멜이 까슬까슬해진다.

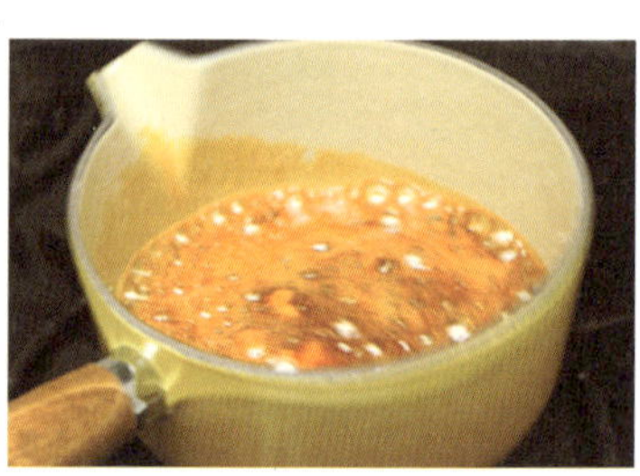

3 설탕이 거의 녹으면 냄비를 가볍게 흔들어 색을 균일하게 만든다.

4 불에 계속 끓여 바짝 졸인다(갈색이 되면 푸딩용 캐러멜로도 사용할 수 있다).

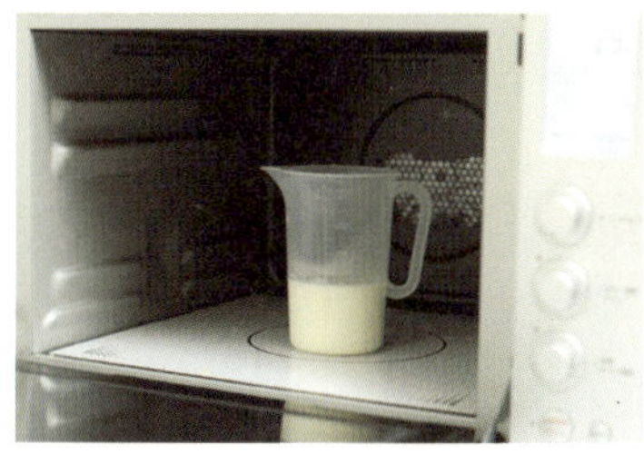

5 생크림을 전자레인지에 넣어 조금 끓어오를 때까지 가열한다(냄비로 데워도 된다).

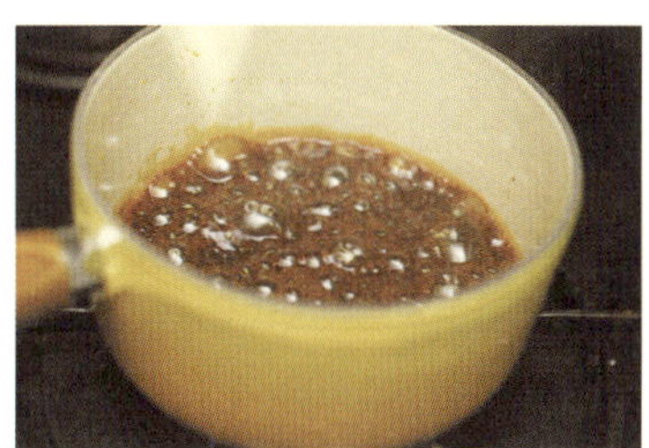

6 녹은 흰설탕이 간장색 정도로 깊고 진한 색이 나면 생크림을 붓기에 적당한 상태다.

MEMO
이 크림은 냉장고에 넣어둬도 잘 굳지 않아요. 과자를 만들 때 사용할 양만 꺼내어 실온에 잠시 두었다가 쓰거나 전자레인지에 몇 초 돌려 부드럽게 만들어 사용하세요.

7 불을 끄고 뜨거운 생크림을 조금씩 부으며 고무주걱으로 젓는다.

8 생크림을 넣으면 부글부글 끓어오르므로 한꺼번에 다 넣지 말고 상태를 보면서 여러 번에 나눠 넣는다.

9 생크림을 모두 넣은 후 고무주걱으로 살살 젓는다. 시간이 조금 지나면 부드러워진다.

보관법
장기간 보관해야 하는 경우에는 끓는 물에 소독한 병에 뜨거운 캐러멜크림을 붓고 꼭 닫아 냉장 보관합니다. 그러면 1개월 정도는 맛이 변하지 않아요. 2주 안에 쓸 것은 깨끗한 용기에 넣어 냉장 보관하면 돼요. 덜어서 쓸 때는 균이 들어가지 않도록 깨끗한 숟가락을 사용하세요.

캐러멜의 농도

캐러멜의 농도는 졸이는 정도에 따라 조절할 수 있습니다. 과자 반죽에 섞는 캐러멜크림은 과자 반죽에 뒤지지 않도록 진한 것이 좋아요. 그러기 위해서는 흰설탕을 진하게 졸인 다음 생크림을 넣어야 하지요. p.13 ⑥에 나와 있듯이 조금 거무스름해질 때까지 초조해하지 말고 졸이는 것이 무엇보다 중요합니다. 그대로 먹거나 장식용 크림을 만들 경우는 연갈색에서 조금 진해질 정도로 졸이는 것이 가장 먹기 쉽고 맛있답니다.

순한 맛이 좋은 사람, 쓴맛을 제대로 느끼고 싶은 사람 등 사람마다 취향이 달라요. 직접 만드는 것인 만큼 좋아하는 색과 맛의 캐러멜을 찾아보세요.

시판 캐러멜 활용하기

캐러멜 특유의 맛을 살린 제품들이 시중에 많이 나와 있어요. 캐러멜소스와 시럽, 리큐어 등 여러 종류가 있어서 바쁠 때는 이런 것을 이용해보는 것도 하나의 방법이에요. 특히 과자에 조금 넣거나 감칠맛을 내기 위해 빵과 케이크에 넣을 때, 차가운 디저트에 뿌릴 때 이용하면 편리합니다.

이런 형태의 사각(Tablet) 캐러멜도 사용해보세요. 컵에 1~2개 넣고 푸딩 반죽을 부어 구우면 예쁘게 캐러멜이 녹아 먹음직스러워요. 편리한 제품이지요.

VAHINE
캐러멜
디저트 소스

MONIN
캐러멜
소스

MONIN
캐러멜
시럽

크렘 드
캐러멜
(리큐어)

부담 없이 즐기는 캐러멜

캐러멜크림은 과자 장식에도 어울리고 크림에 섞어 써도 좋습니다. 여러 가지 용도로 활용할 수 있어 쓸수록 즐거움이 커지는 아이템이랍니다.

• 캐러멜크림

시중에 판매되고 있는 아이스크림에 걸쭉하게 흐를 정도의 캐러멜크림을 얹습니다. 아이스크림과 가볍게 섞어 캐러멜 띠가 생기도록 해서 먹어도 맛있습니다.

• 캐러멜스프레드

생크림에 부드러운 캐러멜크림을 섞어 거품을 내면 맛있는 캐러멜크림스프레드가 됩니다. 생크림 50㎖에 캐러멜크림 1작은술을 가득 담아 섞습니다. 달콤함을 맛보고 싶다면 흰설탕이나 벌꿀을 더 넣어도 좋아요. 쿠키에 발라서 먹으면 잘 어울린답니다.

캐러멜크림

캐러멜스프레드

큐브캐러멜

단맛이 진한 작은 큐브캐러멜 하나를 입에 넣고 천천히 녹이면 사르르 퍼지는 맛과 동시에 행복한 기분마저 듭니다. 지친 몸뿐만 아니라 마음까지도 달래주는 맛이에요. 그저 단맛이 나는 작은 조각에 불과하지만, 캐러멜은 매우 큰 힘을 가지고 있는 과자입니다. 이번에 소개하는 레시피로 입안에서 녹는 감촉이 뛰어난 부드러운 캐러멜을 만들어보세요. 캐러멜은 졸이는 강도에 따라서 딱딱하게 또는 부드럽게 되기 때문에 여러 가지 방법으로 시도해보고 취향에 맞게 조절하면 됩니다.

캐러멜을 자를 때는 칼을 앞뒤로 움직이세요. 부드러워서 자르기 힘들 때는 냉장고에 넣어 차게 만든 다음 자르면 깨끗하게 완성됩니다.

 15×15cm **사각틀 1개 분량**

생크림 · 180㎖
흰설탕 · 120g
물엿 · 80g
버터 · 10g
소금 · 1/4작은술

- 과정 ①에 바닐라빈을 넣으면 더 맛있는 향이 난다.
- 과정 ②에서 불을 끄고 난 다음 바로 볶은 아몬드를 넣어 섞어도 맛있다.
- 상온의 서늘한 곳에서 보관하는 게 좋지만, 캐러멜이 부드럽게 완성되었을 때나 여름철에는 냉장고에 보관한다.

 ## Ready

- 틀에 유산지를 깔아둔다.

 ## Recipe

1 냄비에 생크림, 흰설탕, 물엿, 버터, 소금을 넣고 중간 불에 얹어 주걱으로 저으며 계속 졸인다. 도중에 갑자기 넘쳐흐를 수 있으므로 주의한다.

2 푹 졸여서 짙은 갈색을 띠면 불을 끈다. 115~120℃가 되면 적당하다.

3 유산지를 깐 틀에 ②를 붓고, 틀을 살짝 기울여 표면을 고르게 한 다음 그대로 상온에서 식힌다. 굳으면 칼을 이용해 원하는 크기로 자른다.

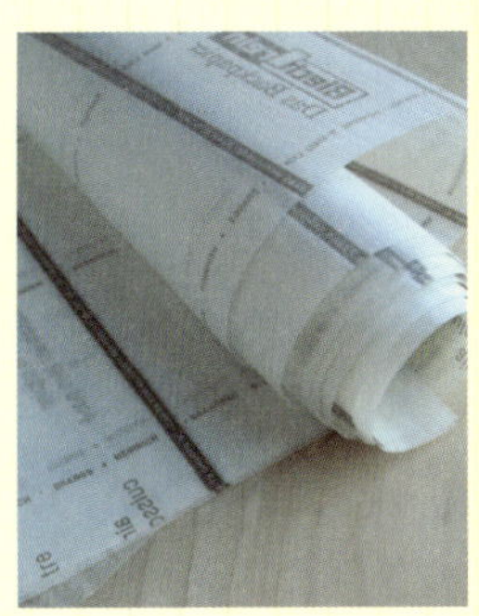

유산지는 작게 잘라서 캐러멜을 포장할 때 써도 좋습니다. 포장에 알맞은 세련된 디자인의 유산지는 다양한 용도로 사용할 수 있어 실용적이에요. 줄자처럼 가이드라인이 있는 것은 종이를 자를 때 똑바로 자를 수 있어 좋고, 반죽을 짤 때 모양과 크기를 가지런히 할 수도 있어서 매우 편리합니다.

캐러멜파운드케이크

캐러멜을 넣어 만드는 케이크 중에서 특히 버터케이크는 저의 단골 아이템입니다. 단순하면서도 기본적인 캐러멜 케이크를 만들어보고, 다른 종류의 재료를 넣어 만들기도 하면서 저만의 레시피가 탄생했습니다. 그 후 몇 개월에 걸쳐 만들 때마다 조금씩 업그레이드하면서 미세한 맛의 변화를 주기도 하고 손을 사용하는 방법을 바꿔보기도 하고 재료도 조금씩 바꿔가며 최고의 맛을 찾는 기분으로 레시피를 재검토했습니다.

캐러멜파운드케이크는 캐러멜크림을 사용해 만드는 버터케이크예요. 달걀흰자로 머랭을 만들어 넣어 폭신폭신 부드럽고 촉촉한 맛이 납니다.

 **21×8×6㎝ 파운드틀 1개 분량**

박력분 · 100g

베이킹파우더 · 1/4작은술

버터 · 90g

흰설탕 · 95g

달걀흰자 · 2개 분량

달걀노른자 · 2개 분량

캐러멜크림(p.12) · 70g

소금 · 조금

럼(마무리용) · 적당량

Ready

- 박력분, 베이킹파우더, 소금을 섞어 체에 내린다.
- 버터를 실온에 꺼내놓는다.
- 캐러멜크림을 부드러운 상태로 만든다(실온에 두거나 전자레인지에 넣어 몇 초 돌린다).
- 틀에 유산지를 깐다.
- 오븐을 160℃로 예열한다.

 **TIP**

- 캐러멜의 맛을 한층 더 강하게 하려면, 캐러멜크림을 80g으로 늘리면 된다.
- 만든 당일보다는 다음 날이 더 맛있다.

Recipe

1 실온에 두어 부드러워진 버터를 볼에 넣고, 핸드믹서로 크림 상태가 되도록 섞는다. 흰설탕의 1/2 분량을 넣고 색이 뽀얗게 될 때까지 핸드믹서로 젓는다. 달걀노른자를 1개 분량씩 넣으며 섞은 후, 캐러멜크림을 넣고 다시 섞는다.

2 다른 볼에 달걀흰자를 넣고 남은 흰설탕을 조금씩 넣으면서 거품을 내어 윤기 나는 머랭을 만든다.

3 ①에 ②의 머랭을 한 번 떠서 넣고 거품기로 잘 저어 섞는다. 체에 내려놓은 가루(박력분, 베이킹파우더, 소금)의 1/2 → 남은 머랭의 1/2 → 남은 가루 → 남은 머랭 순서로 넣고, 거품이 꺼지지 않게 주의하며 고무주걱으로 윤기가 날 때까지 정성껏 섞는다.

4 틀에 부어 표면을 고르게 한 다음 160℃로 예열한 오븐에서 45분 동안 굽는다. 가운데를 꼬치로 찔러봤을 때 반죽이 묻어나지 않으면 익은 것이다. 틀에서 꺼낸 다음 따뜻할 때 솔을 이용하여 럼을 케이크 표면에 바른다.

푸딩

어렸을 때부터 푸딩을 좋아했습니다. 푸딩 중에서도 달걀 맛이 제대로 나고 반죽이 단단한 형태의 정통 카스텔라 푸딩을 좋아했지요. 맛있는 푸딩을 먹고 나면 "이게 바로 푸딩이지!" 하며 푸딩에 관해서는 매우 시끄럽고 요란스러운 아이였습니다.

어릴 적 부모님의 손에 이끌려 집 근처 상점가의 찻집에 간 적이 있는데 부모님은 항상 푸딩아라모드를 주문하셨습니다. 보트 모양을 한 접시에 자른 과일, 바닐라아이스크림, 틀에서 말끔하게 빠진 푸딩이 놓여 있었습니다. 생크림을 얹은 푸딩에 통조림 체리 한 알이 올라가 있었지요. 그 찻집의 푸딩은 묘하게 맛있었고, 생크림과 함께 먹으면 더 맛있었습니다. 기억력이 좋지 않은데도 맛있던 음식에 대한 기억만큼은 어째서인지 또렷하네요.

18×9cm 틀 2개 분량

달걀 · 2개
달걀노른자 · 1개 분량
우유 · 280㎖
생크림 · 50㎖
흰설탕 · 45g
바닐라에센스 · 조금
캐러멜소스
흰설탕 · 40g
물 · 1/2큰술

Ready

· 달걀은 실온에 둔다.
· 오븐을 150℃로 예열한다.

Recipe

1 먼저 캐러멜소스를 만든다. 작은 냄비에 흰설탕과 물을 넣고 중간 불에 얹어 냄비를 흔들지 말고 녹인다. 가장자리에 갈색이 돌면 냄비를 흔들어 색을 균일하게 하고, 좀 더 짙은 갈색을 띠면 불을 끈 후 즉시 틀에 붓는다.

2 푸딩 반죽을 만든다. 볼에 분량의 달걀과 달걀노른자를 넣고 거품기로 푼 다음 흰설탕을 넣고 섞는다. 거품이 일지 않도록 하면서 달걀과 흰설탕을 골고루 섞는다.

3 캐러멜을 만들었던 ①의 냄비에 우유와 생크림을 넣어 중간 불에 올리고, 끓어오르기 직전까지 데운다. ②에 조금씩 따라가며 거품기로 섞는다. 바닐라에센스를 넣어 섞고 체에 걸러 틀에 붓는다. 표면의 거품을 모두 숟가락으로 걷어낸다.

4 철판에 푸딩틀을 얹고 푸딩틀 높이의 1/3~1/2 정도까지 잠기도록 뜨거운 물을 부은 다음 150℃로 예열한 오븐에서 25분 정도 중탕으로 굽는다(도중에 뜨거운 물이 없어지면 더 넣어준다). 가운데를 꼬치로 찔러봤을 때 반죽이 묻어나지 않으면 익은 것이다. 꺼내어 실온에서 어느 정도 식힌 다음 냉장고에 넣어 차게 식힌다.

▶▶캐러멜소스를 만든 냄비에 우유와 생크림을 데우면, 냄비에 남은 캐러멜이 녹아 더 멋진 베이지색 반죽이 된다. 달걀색을 그대로 살리고 싶다면 다른 냄비에 우유와 생크림을 넣고 데워 쓴다.

MEMO

캐러멜소스가 갑자기 떨어지면 이렇게 만들어보세요. 작은 냄비에 흰설탕 80g과 물 1작은술을 넣고 중간 불에서 녹인 다음 갈색을 띠면 불을 끕니다. 뜨거운 물 50㎖를 조심스럽게 조금씩 넣어가며 섞습니다. 물이 튈 수 있으니 주의하세요. 물을 모두 섞은 다음 식히면 완성됩니다.

캐러멜샌드쿠키

동글동글 작고 귀여운 2개의 쿠키 사이에 크림을 발라 붙인 샌드쿠키. 접시나 테이블 위에 놓으면 도르르 굴러가는 쿠키의 모습이 너무 귀엽지 않나요? 세워두면 작은 눈사람 같아서 흰설탕을 뿌려볼까, 초콜릿으로 얼굴을 그려볼까 하는 즐거운 생각이 새록새록 떠오릅니다.

쿠키 사이에 넣은 크림은 버터와 슈거파우더, 캐러멜크림을 섞은 캐러멜버터크림이에요. 만들기 간단하면서도 풍부한 맛을 즐길 수 있답니다. 이런 간단한 버터크림도 만들기 버거운 날에는 캐러멜크림만 넣어도 맛있습니다.

 **약 22개 분량**

박력분 · 100g
아몬드파우더 · 25g
버터 · 60g
슈거파우더 · 35g
달걀노른자 · 1개 분량
소금 · 조금
캐러멜버터크림
버터 · 50g
슈거파우더 · 2작은술
캐러멜크림(p.12) · 20g

Recipe

1 커터에 박력분, 아몬드파우더, 슈거파우더, 소금을 넣고 3~5초 돌려 섞은 후 체에 한 번 내린다. 다시 커터에 넣고 냉장고에 차게 둔 버터를 넣은 후 전원을 끄고 켜기를 반복해서 버터와 가루를 잘 섞는다. 여기에 달걀노른자를 넣고 다시 전원을 끄고 켜기를 반복해 한 덩어리가 되면 반죽을 꺼낸다.

2 반죽을 평평하게 펴고 비닐봉지나 랩으로 싸서, 냉장고에 1시간 이상 휴지시킨다.

3 반죽을 지름 1.5~2㎝ 정도의 크기로 동글동글하게 뭉친 다음 철판에 어느 정도 간격을 두고 나란히 놓는다.

4 170℃로 예열한 오븐에 15분 정도 굽는다. 꺼내어 식힘망에 올려 식힌다.

5 캐러멜버터크림을 만든다. 볼에 부드러운 상태의 버터와 캐러멜크림을 넣고 거품기로 섞는다. 부드러운 크림 상태가 되면 슈거파우더를 넣어 부드럽게 다시 섞는다.

6 쿠키가 식으면 ⑤의 크림을 짤주머니나 숟가락을 이용해 2개의 쿠키 사이에 바르고 둘을 붙인다.

TIP

쿠키에도 캐러멜 맛이 나게 하려면?
쿠키 재료 중 버터 60g을 50g으로 줄이고, 달걀노른자 1개 분량을 캐러멜크림 20g으로 바꿔 같은 방법으로 만든다.

커터가 없을 때는 이렇게!
버터를 실온에 두어 부드럽게 한 다음 볼에 넣고, 핸드믹서를 이용해 크림 상태로 만든다. 여기에 슈거파우더와 소금을 넣은 후 부드럽고 뽀얗게 될 때까지 섞는다. 달걀노른자를 넣어 잘 섞고 체에 내린 박력분, 아몬드파우더를 한꺼번에 넣은 후 고무주걱으로 가루가 없어질 때까지 섞는다.

Ready

- 반죽용 버터는 사방 1.5cm 크기의 주사위 모양으로 잘라 냉장고에 넣어둔다.
- 철판에 유산지를 깐다.
- 캐러멜버터크림 재료는 실온에 둔다.
- 오븐을 170℃로 예열한다.

와플

케이크나 핫케이크와 같은 부드러운 감촉을 쉽게 만들 수 있는 것이 와플입니다. 베이킹파우더로 부풀려 손쉽게 만드는 와플은 겉은 바삭하고 속은 부드러우며, 단맛을 억제한 반죽이어서 차를 마실 때나 브런치를 먹을 때도 즐길 수 있지요. 오후 3시 즈음의 간식으로 만드는 와플이라면 생크림과 아이스크림을 곁들이고 캐러멜소스를 듬뿍 뿌리면 최고랍니다. 아침이나 브런치로 먹는 와플은 베이컨에그나 오믈렛, 양상추와 마요네즈를 넣어 버무린 참치, 보드라운 감자샐러드, 훈제연어, 구운 토마토 등을 곁들여보세요.

와플 메이커를 가지고 있지만 잘 사용하지 않으신다고요? 다양한 아이디어를 떠올려 와플을 활용하면 멋진 테이블을 차릴 수 있답니다.

 **4쪽 분량**

박력분 · 120g
베이킹파우더 · 1작은술
달걀 · 1개
우유 · 100㎖
플레인요구르트 · 2큰술
꿀 · 10g
버터 · 40g
소금 · 조금
생크림, 아이스크림, 시판 캐러멜소스 · 적당량

- 캐러멜소스를 직접 만든다면 p.21 MEMO 레시피를 참조할 것.
- 와플이 식으면 토스터기에 다시 데워 먹어도 맛있다.

Ready

- 달걀과 우유를 실온에 둔다.
- 버터를 전자레인지나 중탕으로 녹인다.

Recipe

1 박력분, 베이킹파우더, 소금을 체에 내려 볼에 담고 가운데에 홈을 만든다.

2 다른 볼에 달걀을 풀어서 우유, 플레인요구르트, 꿀, 버터와 함께 ①의 홈에 넣는다. 거품기로 가운데부터 조금씩 섞는다. 가루가 반죽과 섞이도록 한다.

3 예열해놓은 와플 메이커에 녹인 버터나 식용유(분량 외)를 조금 바르고, 가볍게 한 국자 정도 와플 반죽을 부어 뚜껑을 덮은 후 노릇노릇하게 굽는다.

4 맛있게 구워진 와플을 접시에 얹고 취향대로 거품을 낸 생크림과 아이스크림 등을 얹은 후 캐러멜소스를 뿌려 먹는다.

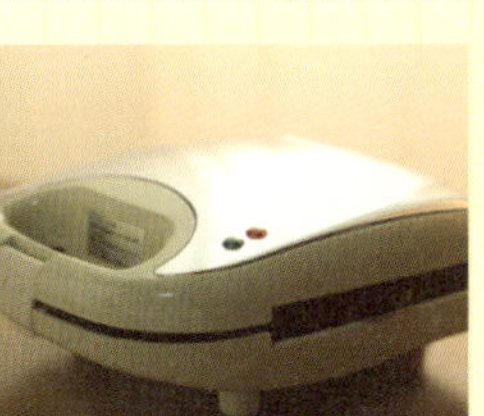

MEMO

와플 메이커를 고를 때는 위아래 모두 열선이 들어간 제품을 선택하는 것이 좋아요. 반죽을 뒤집어야 하는 번거로움이 없어 편리하답니다. 골고루 구워지기 때문에 부분적으로 타는 것에 신경 쓰지 않고 노르스름한 빛깔로 맛있게 구울 수 있습니다.

꿀캐러멜파운드케이크

꿀을 끓여 졸인 다음 생크림을 넣어도 맛있는 캐러멜크림이 완성됩니다. 흰설탕을 사용한 것과는 또 다른 맛이 나지요. 꿀 그대로의 맛을 즐기려면 살짝 졸여야 하지만 여기에서는 케이크 반죽에 넣어 구울 것이기 때문에 확실하게 졸여서 씁니다. 꿀의 향이 날아간다고 해도 꿀 특유의 맛은 살아 있어서 맛있는 반죽을 만들 수 있어요. 묵직한 아몬드파우더와 가벼운 옥수수 전분을 함께 쓴 반죽에 서양배를 넣어 굽기 때문에 디저트로도 안성맞춤입니다. 차가운 상태에서도 맛있는 버터케이크로, 부드러운 생크림과 아주 잘 어울려요. 여기서는 간편하게 서양배 통조림을 사용했지만 콤포트를 만들 줄 안다면 생과일을 사용하여 직접 콤포트를 만들어보세요.

🎂 **15×15cm 사각틀 1개 분량**

박력분 · 60g
아몬드파우더 · 50g
옥수수 전분 · 15g
베이킹파우더 · 1/3작은술
버터 · 100g
슈거파우더 · 70g
달걀 · 2개
꿀 · 30g
생크림 · 50㎖
소금 · 조금
서양배(통조림) · 3쪽

⏱ Ready

• 박력분, 옥수수 전분, 베이킹파우더, 소금을 섞어 체에 내린다.

• 버터와 달걀을 실온에 두고, 달걀은 풀어놓는다.

• 서양배는 두께 5mm 정도로 잘라 키친타월에 가지런히 올려 물기를 뺀다.

• 틀에 유산지를 깐다.

• 생크림은 전자레인지나 냄비로 데운다.

• 오븐을 160℃로 예열한다.

TIP

서양배 콤포트는 이렇게 만들어요!

서양배 1개와 물 300㎖(1½ 컵), 설탕 100g, 레몬즙 2큰술을 준비한다. 냄비에 물과 설탕, 레몬즙을 넣고 센 불로 끓이다가 설탕이 녹으면 서양배를 적당한 크기로 잘라 넣은 후 약한 불로 조린다. 배에 윤기가 돌고 투명한 색으로 변할 때까지 조리면 된다. 좋아하는 향의 와인으로 조리거나 완성 후 계피가루를 살짝 뿌려도 맛있다. 콤포트는 그 자체만으로 훌륭한 디저트가 되며 와플, 요구르트 등과 함께 즐겨도 좋다.

🍲 Recipe

1 작은 냄비에 꿀을 넣고 중간 불에 얹어 고무주걱으로 이따금 저으면서 갈색이 될 때까지 졸인다. 짙은 갈색이 되면 불을 끄고, 데워놓은 생크림을 뜨거울 때 그대로 조금씩 부어(한꺼번에 쏟아지지 않도록 주의할 것) 얼룩이 생기지 않도록 저어준다. 이따금 저으면서 그대로 식힌다.

2 볼에 버터를 넣고 핸드믹서로 크림 상태가 될 때까지 젓는다. 슈거파우더를 넣은 후, 뽀얗고 부드러운 상태가 될 때까지 공기와 함께 섞듯이 저어준다.

3 ②에 ①의 꿀캐러멜을 넣고 섞은 다음 아몬드파우더를 섞고 풀어놓은 달걀을 조금씩 넣으면서 계속 저어준다.

4 체에 내려놓은 가루 재료를 ③에 한꺼번에 쏟아 고무주걱으로 밑에서부터 떠내듯 저으며 윤이 날 때까지 정성껏 섞는다.

5 틀에 부어 표면을 평평하게 만든 다음 서양배를 찔러 넣듯 2열로 나란히 꽂는다. 160℃로 예열한 오븐에 40~45분 정도 굽는다. 가운데를 꼬치로 찔러봤을 때 반죽이 묻어나지 않으면 익은 것이다.

호박캐러멜크림파이

바삭바삭한 파이 반죽에 캐러멜크림을 마블 모양으로 스며들게 한 멋진 호박파이. 호박 향이 가득한 필링은 캐러멜과 환상의 궁합을 이룹니다. 두 재료의 어울림, 다른 재료와의 친밀도를 맛으로 볼 수 있는 과자입니다. 흘러내리는 캐러멜크림은 불이 가해짐에 따라 서서히 균열이 일어나 다양한 모습으로 구워진답니다. 호박 맛을 더 진하게 하려면 캐러멜크림의 양을 조금 줄이고, 캐러멜 맛을 더 내고 싶다면 아예 호박 필링을 뒤덮을 정도로 흘러내리게 해도 좋아요.

호박은 익혀서 냉동시킨 것도 편리하게 쓸 수 있어요. 파이 반죽이나 필링을 커터로 만들기 때문에 만들기도 간단합니다. 커터가 없으면 수작업으로도 만들 수 있으니 마음 편하게 도전해보세요.

🍮 **지름 18㎝ 타르트틀 1개 분량**

박력분 · 60g	**호박 필링**
강력분 · 35g	호박(익혀서 껍질을 벗긴 것) · 160g
버터 · 75g	흰설탕 · 25g
흰설탕 · 1작은술	달걀 · 1/2개
차가운 물 · 2큰술	생크림 · 60㎖
소금 · 조금	플레인요구르트 · 2큰술
	럼 · 1작은술
캐러멜크림(p.12) · 25g	소금 · 조금
슈거파우더(마무리용) · 적당량	

🍲 Recipe

1 먼저 파이 반죽을 만든다. 커터에 박력분, 강력분, 흰설탕, 소금을 넣고 3~5초 돌려서 체에 내린다. 버터와 함께 다시 커터에 넣고 전원을 끄고 켜기를 반복해 버터와 가루가 잘 섞이면 차가운 물을 넣는다. 전원을 끄고 켜기를 반복하며 가루가 남지 않도록 섞는다.

2 반죽을 꺼내어 평평하게 펴고 비닐봉지나 랩으로 싸서 냉장고에 1시간 이상 휴지시킨다.

3 타르트틀에 덧가루를 뿌리고 ②의 반죽을 2~3㎜ 두께로 밀어 틀에 알맞게 깐다. 바닥과 옆면이 밀착되게 깐 다음 밑면에 포크로 군데군데 구멍을 내고, 랩으로 싸서 냉장고에 30분 이상 넣어둔다.

4 ③의 반죽 위에 은박지나 유산지를 깔고, 누름돌(파이가 뜨지 않게 누르는 작은 돌멩이)을 얹어 190℃로 예열한 오븐에서 노릇노릇해질 때까지 20분 정도 구운 다음 꺼내어 틀째로 식힌다.

5 오븐을 170℃로 예열한다. 호박은 적당한 크기로 자르고, 전자레인지나 찜통에서 꼬치가 쑥 들어갈 정도로 익힌 다음 껍질을 벗겨놓는다.

6 커터에 익힌 호박과 흰설탕, 달걀, 생크림, 플레인요구르트, 럼, 소금을 넣고 돌려서 확실하게 섞어 호박 필링을 만든다.

7 ④의 파이에 ⑥을 골고루 펼친다. 걸쭉한 상태의 캐러멜크림을 표면 전체에 부은 다음 꼬치로 살살 저어 마블 무늬를 만든다. 170℃로 예열한 오븐에서 35~40분 정도 굽는다. 어느 정도 식힌 다음 틀에서 꺼내어 냉장고에 넣어둔다. 취향에 맞게 슈거파우더를 뿌려서 낸다.

TIP

커터가 없을 때는 이렇게!

• **파이 반죽** _ 볼에 박력분, 강력분, 흰설탕, 소금을 체에 내려 넣고 버터를 넣는다. 스크레이퍼(제과용 도구)나 칼로 버터를 잘게 자르면서 가루와 함께 섞어 보슬보슬한 상태로 만든다. 차가운 물을 조금씩 넣어 반죽한다(너무 많이 섞이지 않도록 할 것).

• **호박 필링** _ 익혀서 껍질을 벗긴 호박을 볼에 넣고, 포크로 대강 으깬다. 흰설탕, 소금, 플레인요구르트, 달걀, 생크림, 럼을 순서대로 넣고, 넣을 때마다 잘 섞어 매끈한 상태가 되도록 한다.

⚖ Ready

• 버터를 사방 1.5cm 크기의 주사위 모양으로 잘라 냉장고에 넣어둔다.

• 캐러멜크림을 부드러운 상태로 만든다(실온에 두거나 전자레인지에 넣어 몇 초 돌린다).

• 오븐을 190℃로 예열한다.

프랄리네크림롤

프랄리네는 아몬드나 코코넛에 캐러멜·설탕 등을 묻혀 부순 가루, 혹은 그 가루를 페이스트 상태로 만든 것을 말합니다. 캐러멜 과자에서는 프랄리네를 빼놓을 수 없지요. 이 책에서는 프랄리네를 이용해 롤케이크를 만들어보았습니다. 오븐에 구운 아몬드와 호두에 캐러멜을 묻혀 커터나 제분기로 아주 잘게 갈아 생크림과 섞으면 너트의 고소함이 배어나는 맛있는 캐러멜크림이 됩니다. 프랄리네는 엉성하게 갈아도 괜찮지만 롤케이크는 단면이 예뻐야 맛있어 보이기 때문에 곱게 갈아야 해요. 그래야 자를 때 단단한 너트류가 걸리지 않는답니다. 초콜릿 반죽으로 만들어도 맛있으니 초코롤(p.62), 코코아캐러멜크림롤(p.78) 반죽에도 응용해보세요.

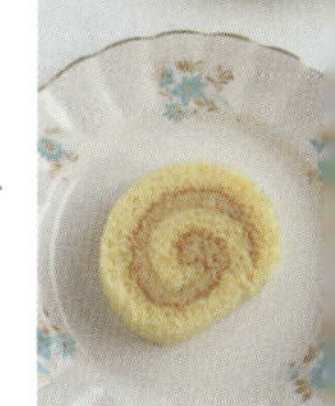

🔔 30×30cm 철판 1개 분량

박력분 · 45g
흰설탕 · 70g
달걀 · 3개
생크림 · 2큰술

프랄리네

호두 · 20g
슬라이스아몬드 · 20g
흰설탕 · 30g
물 · 1작은술

크림

생크림 · 120㎖
흰설탕 · 1/2큰술
브랜디 · 1작은술

⏲ Ready

- 달걀은 실온에 둔다.
- 박력분을 체에 내린다.
- 호두와 슬라이스아몬드는 160℃ 오븐에서 6~8분 구워 식혀둔다. 마른 냄비에 볶아서 준비해도 된다.
- 생크림은 전자레인지나 냄비로 데운다.
- 철판에 유산지를 깐다.
- 오븐을 180℃로 예열한다.

🍲 Recipe

1 먼저 프랄리네를 만든다. 냄비에 흰설탕과 물을 넣고 중간 불에 올린 다음 냄비를 흔들지 않고 녹인다. 가장자리에 갈색이 돌면 냄비를 흔들어 색을 균일하게 하고, 호두와 슬라이스아몬드를 한꺼번에 넣고 재빠르게 섞어 캐러멜이 골고루 코팅되도록 한다.

2 유산지나 은박지에 펼쳐 완전히 식힌 다음 굳으면 커터에 넣어 잘게 부수어놓는다(만약 커터가 없으면 두 겹으로 포갠 비닐봉지에 넣어 밀대로 두들겨 부순다).

3 스펀지를 만든다. 볼에 달걀을 풀고, 흰설탕을 넣어 핸드믹서로 대강 섞는다.

4 ③을 중탕으로 가열하며 핸드믹서를 고속으로 하여 거품을 낸다. 36℃ 정도로 따뜻해지면 중탕에서 꺼내 뽀얗게 될 때까지 계속 거품을 낸다.

5 반죽을 떴을 때 흘러내리는 모양이 리본처럼 쌓여 있는 형태를 얼마간 유지할 정도가 되면 저속으로 바꿔 매끈해지도록 천천히 섞는다.

6 체에 내려놓은 박력분을 ⑤에 넣고 고무주걱으로 그릇 밑에서부터 크게 젓듯이 섞는다. 부드럽게 윤기 나는 상태가 되면, 데워놓은 생크림을 고무주걱으로 받쳐 표면에 떨어뜨리듯 넣고 섞는다.

7 철판에 반죽을 붓고 표면을 고르게 한 다음 180℃로 예열한 오븐에서 10~12분 정도 굽는다. 다 구워지면 철판에서 꺼내 유산지를 벗기지 않은 채로 식힘망에 올리고 굳지 않도록 랩을 씌워 식힌다.

8 크림을 만든다. 볼에 생크림, 흰설탕, 브랜디를 넣고 거품기로 6분 정도 거품을 낸 다음 ②의 프랄리네를 넣고 섞는다. 거품기로 떴다가 떨어뜨릴 때 살짝 무거운 느낌의 선을 그리는 상태가 되도록 한다.

9 ⑦의 유산지를 벗겨내고 바닥에 깐 후 노릇한 면이 위로 오도록 스펀지를 놓는다. 말리는 끝 부분을 보기 좋도록 비스듬하게 잘라내고 표면 전체에 크림을 펴 바른다(잘라낸 부분에는 바르지 않는다).

10 유산지를 한쪽 끝부터 들어 올려 스펀지를 한 번에 안으로 접듯 심을 만들어 돌돌 만다. 이음새 부분이 아래로 가도록 하고 롤 전체를 랩으로 싸서 냉장고에 1시간 이상 넣어두었다가 잘라서 낸다.

캐러멜밀크젤라토

캐러멜크림이 있다면 우유와 생크림, 꿀만으로 쌉싸래한 맛이 진한 젤라토를 후다닥 만들 수 있어요. 손으로 섞을 때는 섞기 쉬운 순서대로 재료를 넣지만, 핸드믹서를 사용한다면 재료를 한꺼번에 넣고 섞으면 됩니다. 여기에서 소개하는 정도의 분량이라면 볼과 거품기만으로도 충분해요. 나중에 뒷정리할 때도 편하겠지요.

꿀의 양은 캐러멜 농도와의 균형을 보고 취향에 맞게 조절하면 됩니다. 꿀 고유의 맛이 너무 강하다고 생각되면 물엿이나 조청을 사용해도 좋아요. 수수하고 깊은 맛이 나는 젤라토는 추운 겨울에 먹어도 맛있습니다. 따뜻한 방에서 차가운 디저트라니, 행복 지수가 쭉~ 올라가는 메뉴 아닐까요?

 **4~6인 분량**

우유 · 180㎖
생크림 · 2큰술
꿀 · 20g
캐러멜크림(p.12) · 40g

Ready

- 캐러멜크림을 부드러운 상태로 만든다(실온에 두거나 전자레인지에 넣어 몇 초 돌린다).
- 우유를 전자레인지에 돌려 36℃ 정도로 데운다.

Recipe

1 볼에 캐러멜크림과 꿀을 넣고, 우유를 조금씩 넣어 거품기로 녹이듯 젓는다. 생크림도 넣어 잘 섞어준다.
2 제빙접시(또는 사각틀)에 담아 냉동실에서 꽁꽁 얼린다.
3 ②를 주사위 크기로 잘라 커터에 넣고, 보들보들해질 때까지 돌린다.

커터가 없을 때는 이렇게!

철판이나 볼에 캐러멜크림과 꿀을 넣고 우유를 조금씩 부으며 섞는다. 생크림을 넣고 잘 저은 다음 냉동실에서 얼려 딱딱하게 만든다. 30분 정도 지났을 때 상태를 보고, 굳은 부분을 숟가락이나 포크로 긁어 부슬거리게 한 다음 다시 얼린다. 꽝꽝 얼기 전 꺼내 부슬부슬 긁고 다시 얼리기를 3~5회 반복한다. 도중에 몇 번 다시 섞느냐에 따라 공기를 머금은 부드러운 젤라토가 완성된다.

젤라토 반죽은 냉동실 얼음틀에 얼려 큐브아이스로 먹어도 맛있어요. 그럴 때는 작고 귀여운 꼬치를 꽂아 장식하면 더 즐겁게 먹을 수 있지요. 특별한 손님이 왔을 때 예쁜 큐브아이스를 대접해보세요!

플로랑탱

플로랑탱은 쿠키 반죽 위에 캐러멜과 아몬드를 얇게 얹어 구운 프랑스 과자입니다. 커다란 틀에 가득 펼쳐서 굽기 때문에 가운데까지 열이 고르게 가기 힘들 수도 있어요. 따라서 구울 때 테두리가 타지 않을까 하는 생각이 들 때까지 확실하게 구워야 합니다. 이렇게 구운 플로랑탱은 완전히 식기 바로 직전, 약간 따뜻한 상태일 때 칼로 자르는 것이 좋습니다. 캐러멜이 들러붙지 않도록 유산지 위에 뒤집어놓은 후 자를 대고 취향에 맞는 크기와 모양으로 자르세요. 캐러멜이 묻은 쪽에 칼날을 넣는 것보다 쿠키 쪽에서 자르는 것이 훨씬 더 수월합니다. 완전히 식었을 때 비닐 포장지에 하나씩 싸면, 멋스러운 선물로도 손색이 없답니다.

23~25㎝ 틀 1개 분량

쿠키 반죽(완성된 것의 약 2/3 정도 사용)

박력분 · 180g

버터 · 80g

슈거파우더 · 30g

달걀 · 1/2개

소금 · 조금

토핑

버터 · 40g

흰설탕 · 70g

꿀 · 30g

생크림 · 50㎖

슬라이스아몬드 · 100g

커터가 없을 때는 이렇게!

커터가 없을 때는 버터를 실온에 두어 부드럽게 해서 볼에 넣고, 핸드믹서를 이용해 크림 상태로 반죽한 다음 슈거파우더와 소금을 넣고 뽀얗게 될 때까지 잘 젓는다. 풀어놓은 달걀을 넣고 잘 섞은 후, 체에 내린 박력분을 한 번에 넣고 고무주걱으로 가루가 없어질 때까지 잘 섞는다. 비닐봉지나 랩으로 싸서, 냉장고에 1시간 이상 휴지시켜 쿠키 반죽을 완성한다.

Recipe

1 먼저 쿠키 반죽을 만든다. 커터에 박력분, 슈거파우더, 소금을 넣고 3~5초 돌려 체에 한 번 내린다. 차가운 버터와 함께 다시 커터에 넣고 전원을 끄고 켜기를 반복한다. 버터와 가루가 잘 섞이면 풀어놓은 달걀을 넣고 다시 전원을 끄고 켜기를 반복한 후, 덩어리가 되면 반죽을 꺼낸다. 평평하게 매만져 비닐봉지나 랩으로 싸서 냉장고에서 1시간 이상 휴지시킨다.

2 유산지에 가볍게 덧가루를 뿌리고 ①의 반죽을 놓은 후 밀대로 밀어 두께 2~3㎜, 크기 23~25㎝의 사각형이 되도록 편다. 유산지째로 철판에 올려 포크로 군데군데 구멍을 낸다. 180℃로 예열한 오븐에 15분 정도 노릇노릇하게 굽고 그대로 꺼내 식힌다.

3 토핑을 만든다. 냄비에 버터, 흰설탕, 꿀, 생크림을 넣고 중간 불에 올려 고무주걱으로 섞으면서 바짝 조린다. 조금 진한 갈색을 띠면 불을 끄고(115℃ 정도), 슬라이스아몬드를 넣은 후 재빠르게 섞는다.

4 ③이 식기 전에 ②의 반죽 위에 얹어 스패출러로 표면 전체에 넓게 펴 바른다. 180℃로 예열한 오븐에서 노릇노릇하게 15~20분 정도 굽는다.

5 조금 식으면 작업대에 유산지를 깔고 ④의 과자를 뒤집어놓은 후 칼을 이용해 적당한 크기로 자른다. 완전히 식은 후 먹으면 된다. 냉장고에 넣어두고 먹어도 맛있다.

Ready

- 쿠키 반죽의 버터는 사방 1.5cm 크기의 주사위 모양으로 잘라 냉장고에 넣어둔다.
- 달걀을 풀어놓는다.
- 토핑용 슬라이스아몬드는 160℃ 오븐에서 6~8분 구워 식혀둔다. 마른 냄비에 볶아서 준비해도 된다.
- 오븐을 180℃로 예열한다.

다양한 캐러멜 과자를 즐겨보세요!

경쾌한 스타일의 포장을 보는 것만으로도 군침이 도는 캐러멜 과자들.
알록달록한 과자들을 둘러보기만 해도 큰 재미를 느낄 수 있습니다.
눈에 띄는 캐러멜 과자 몇 가지를 모아보았습니다.

추잉 캐러멜(Tim Tam)

캐러멜크림이 들어 있는 바삭한 비스킷이 밀크초콜릿으로 코팅되어 있습니다. 호주에서 만든 유명한 과자로, 달지만 꽤 맛있어서 살찔 걱정을 하면서도 '이런 과자도 가끔은 좋아'라고 생각하며 즐긴답니다.

프레첼 크리미 캐러멜(SNYDER'S)

씹을 때의 느낌이 맛있는 프레첼. 먹기 쉽게 잘라져 있고, 맛도 여러 가지예요. 크리미 캐러멜은 조금 독특한 맛인데, 그 독특함 때문에 즐겨 먹는 사람도 많아요.

캐러멜 비스킷(Lotus)

로투스의 캐러멜 비스킷은 적당한 달콤함과 시나몬 향, 캐러멜 맛의 조화가 뛰어납니다. 커피와 홍차에도 잘 어울려요. 멀티그레인 캐러멜 비스킷은 6종류의 곡물이 들어 있어 담백합니다.

캐러멜 와플(Daelmans)

부드러운 캐러멜을 입힌 와플은 단단한 것처럼 보이지만 매우 부드럽게 잘 구워진 과자입니다. 살짝 데워 먹으면 더 맛있어요. 전자레인지로 데워도 되지만 따뜻한 차 위에 얹어놓아도 좋아요.

소금 버터 캐러멜(Le Bretagne)

사랑스러운 그림이 그려져 있는, 수수한 치즈 패키지 같은 수제 케이스가 매력적인 과자. 이런 멋진 디자인에는 왠지 약해지는 저입니다. 안에는 프랑스산 바다 소금을 머금은 부드러운 형태의 버터캐러멜이 들어 있습니다.

캐러멜 팝콘(SB global)

'캐러멜 팝콘'이라고 하면 미국 유원지나 영화관을 떠올리게 되지요. 한눈에 봐도 미국 과자임을 알 수 있는 디자인의 봉지에 팝콘이 들어 있습니다. 바삭바삭 사각사각 캐러멜 맛도 듬뿍, 달콤한 향기도 가득한 제품이에요.

CARAMEL
SANS ATTACHE

CARAMEL MILK GELATO
PRALINE CREAM ROLL
CARAMEL SAND COOKIE

PART
02
CHOCOLATE
초콜릿 과자

초콜릿에 반해버렸죠!

카카오빈이 초콜릿 원재료라는 것은 알고 계시죠?

초콜릿은 카카오매스, 카카오버터, 설탕, 유제품 등으로 만들어요.

초콜릿에 쓰여 있는 카카오 함량이라는 것은 카카오매스＋카카오버터의 비율을 말합니다.

여기에 설탕이 들어간 것을 스위트 초콜릿, 유제품이 들어간 것을 밀크초콜릿이라고 나누어 부르지요.

초콜릿 세계에서 말하는 '스위트'란 '달다'라는 의미와는 조금 다르답니다.

초콜릿 과자를 만들 때는 커버처라고 부르는 제과제빵용 초콜릿을 씁니다.

일반적으로 시중에 나와 있는 초콜릿은 그냥 먹어도 맛있도록 가공된 것이지만, 초콜릿 커버처는 그렇지 않지요.

과자에 일반 초콜릿을 넣어 만들 수도 있지만, 여분의 혼합물이 없는 초콜릿 커버처를 사용하는 것이

더 맛있을 것 같은 기분이 듭니다. 초콜릿은 제조사에 따라 맛과 향이 가지가지예요.

비싼 것이 좋다고 정해진 것은 아니니, 먹어보고 자신의 입맛에 맞는 초콜릿을 선택하는 것이 중요합니다.

그러고는 과자를 만드는 데 사용하며 맛의 변화를 확인하세요.

여러 가지 시도를 해보고 자기에게 맞는 초콜릿을 찾아 맛있는 과자 만들기에 도전해보세요!

초콜릿 과자를 만들기 위해 필요한 재료

〈제과제빵용 초콜릿〉

자주 사용되고 있는 프랑스 발로나(Valrhona) 사의 초콜릿과
바리 칼레보(Barry Callebaut) 사의 초콜릿 몇 가지를 소개합니다.
시중에 판매되고 있는 국산 초콜릿을 이용해도 됩니다.

>>> 초콜릿바

블록 모양의 판초콜릿으로, 녹여서 쓸 때는 조각내어 사용합니다.
작게 조각내 반죽에 섞으면 초코칩처럼 사용할 수도 있지요.

발로나 스위트 과나하(카카오 71%)
쌉쌀한 맛의 다크초콜릿으로 카카오의 쓴
맛과 깊은 향이 일품. 어른을 위한 과자를
만들 때 마무리용으로 좋다.

발로나 스위트 카라이브(카카오 67%)
카카오 맛이 확실히 나며 약간의 쓴맛도
있다. 여러 과자에 사용하기 쉬운 세미스
위트 타입.

발로나 밀크 지바라(카카오 40%)
입에 감기는 단맛은 없지만 사용하기 쉬
운 밀크초콜릿. 순하지만 개성 있는 맛이
나고, 고급스러운 부드러움도 느껴진다.

>>> 태블릿 초콜릿

작은 알맹이 형태라서 잘게 부술 필요 없이 바로 쓸 수 있습니다.
자르지 않고 녹일 수 있기 때문에 매우 편리한 제품이랍니다.

   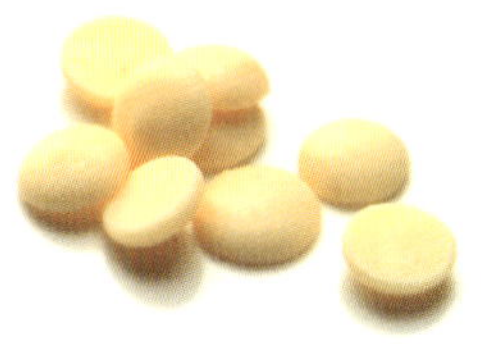

칼레보 에키스토라비타
(카카오 73%)
쓴맛이 강한 초콜릿. 종종 세미
스위트나 화이트초콜릿을 섞어
사용하기도 한다.

칼레보 세미스위트
(카카오 60%)
카카오를 가장 잘 느낄 수 있
으며 부드럽기까지 한 초콜릿.
맛도 풍부하고 향도 좋아서 많
이 쓰인다.

칼레보 밀크
(카카오 35.3%)
감칠맛이 나며 순한 우유 맛이
부드러운 초콜릿. 아이들을 위
한 초콜릿 과자에 잘 어울린다.

칼레보 화이트
(카카오 29%)
크림색의 초콜릿으로 단맛이 강
하지만 느끼하지 않다. 카카오
매스가 들어 있지 않아 색이 하
얀 화이트초콜릿은 카카오버터,
설탕, 유제품 등으로 만든다.

과자에 사용하는 카카오파우더는 설탕이 들어 있지 않은 순수한 것을 선택하도록 하세요.

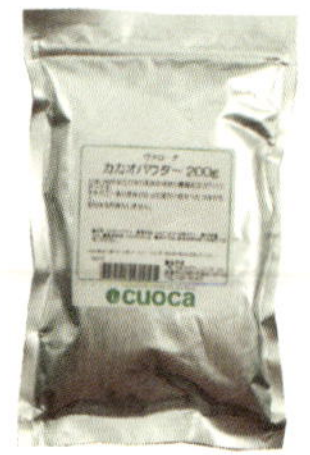

발로나(Valrhona)

제대로 된 순수한 카카오 맛이 느껴지는 제품. 붉은빛이 다소 강한 편으로 안정된 색감이 난다.

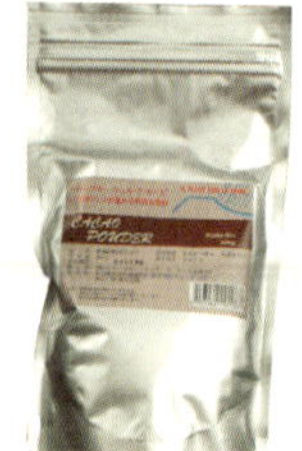

IP(PECQ)

적갈색을 띠는 카카오파우더. 부드럽고 순수한 깊은 맛이 나며 핫초코를 만들 때 사용하면 좋다.

블랙 카카오파우더

오레오쿠키처럼 새까만 과자를 만들고 싶을 때 사용하는 제품. 맛은 특별히 뛰어나다고 할 수 없지만 검은색을 내야 할 때 유용하다.

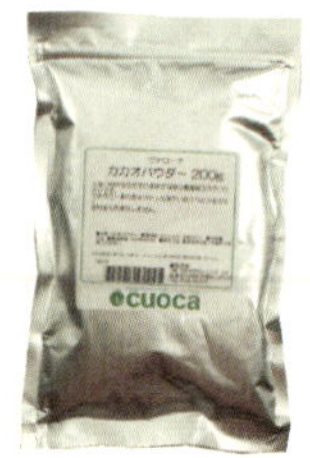

습기에 강한 카카오파우더

습기에 강하기 때문에 특유의 고운 상태가 오래 지속된다. 과자를 만들 때 마무리로 뿌려 준다.

〈카카오〉

카카오매스

초콜릿의 원재료가 되는 카카오매스는 쓴맛과 향을 내는 데 사용하며 초콜릿의 맛을 살짝 바꿀 때도 사용한다. 당분이 없어 섞어서 사용하기 쉽다.

카카오니브

볶은 카카오빈을 부순 것으로 입안에서 느껴지는 오독오독한 식감과 카카오의 맛, 쓴맛을 즐길 수 있다. 장식할 때 사용하기도 하고, 쿠키 반죽에 섞기도 한다.

〈초코칩〉

쿠키와 머핀, 빵 반죽에 넣는 초코칩.
제과제빵용 초코칩은 열에 강해서
구워도 잘 녹지 않아요.

초코칩

캐러멜초코칩

화이트초코칩

초콜릿시럽

다크초콜릿소스

볼프베르제
리큐어 쇼콜라

모차르트
초콜릿 리큐어

고디바 리큐어

블로섬

스프링클

커피빈 초콜릿

롤 초콜릿

초콜릿 펜

초콜릿을 녹이는 방법

초콜릿은 중탕을 하거나 전자레인지를 사용해서 녹이는 방법이 있는데, 그 중 자기한테 맞는 쉬운 방법을 선택하면 됩니다. 어떤 방법을 선택하든 서두르지 말고 차분하게, 천천히 부드럽게 녹이도록 하세요.

중탕으로 녹이기

1 칼을 단단히 쥐고 초콜릿을 5~8mm 정도의 두께로 잘게 자른다. 되도록 크기를 비슷하게 맞춰야 쉽게 녹일 수 있다.
※태블릿 초콜릿은 그대로 사용해도 좋다.

2 열전도가 좋은 스테인리스 볼에 담고 뜨거운 물 위에 올려 고무주걱으로 천천히 저으면서 녹인다. 물은 60℃ 정도가 알맞다(너무 뜨거우면 초콜릿이 분리될 수 있다). 뜨거운 물을 넣은 볼이나 냄비는 초콜릿을 넣은 볼보다 작은 것을 사용해 초콜릿이 뜨거운 김을 쐬지 않도록 한다.

전자레인지로 녹이기

1 중탕으로 녹일 때와 동일한 방법으로 작게 자른 초콜릿이나 태블릿 초콜릿을 내열 볼(유리나 플라스틱 등 전자레인지 사용이 가능한 것)에 넣는다.

2 먼저 40초~1분 정도 가열(500W 기준)한 다음 꺼내어 고무주걱으로 저어 섞는다. 상태를 보면서 다시 전자레인지에 넣었다가 꺼내어 젓기를 반복하며 천천히 녹인다. 초콜릿이 너무 뜨거워지지 않게 적당히 가열하는 것이 부드럽고 맛있게 녹이는 요령이다.

초콜릿 보관법

초콜릿은 습기가 적은 서늘한 장소(16~18℃)에서 보관합니다. 냉장고는 너무 빨리 차가워지므로 되도록 실내의 서늘한 곳에 두세요. 그렇지만 더운 여름철에는 냉장고 채소칸에 넣어두는 것도 좋아요. 랩에 확실하게 싸거나 밀폐 용기에 넣어 향이 날아가지 않도록 하세요.

초콜릿을 따뜻한 곳에서 차가운 곳으로 옮기거나 냉장고에 넣어둔 것을 실온에 꺼내 곧장 개봉하면 초콜릿 표면이 하얗게 되는 '블룸 현상'이 생깁니다. 이는 온도 및 습도의 급격한 변화에 따라 일어나는 현상으로 이대로 먹어도 전혀 문제되지는 않지만 맛이 떨어지지요. 초콜릿은 미세한 변화에도 쉽게 변하니 보존과 취급에 신경을 써야 합니다.

부담 없이 즐기는 초콜릿 음료

과자 재료로 쓰이는 퓨어 카카오파우더는 핫초코를 만들어도 매우 맛있습니다. 또 초콜릿시럽이 있다면 카페에서 파는 것과 같은 멋진 음료도 간단하게 만들 수 있어요.

핫초코

작은 냄비에 카카오파우더 1큰술과 흰설탕 1~2작은술을 넣고 우유를 약간만 부어 갠다. 약한 불에 올리고 우유 150㎖ 정도를 조금씩 넣으며 잘 풀어지도록 저으면서 데우면 완성된다. 작은 거품기를 사용하면 덩어리가 생기지 않게 쉽게 만들 수 있다.

초코마시멜로커피

따뜻한 커피를 컵에 따르고, 작은 마시멜로를 적당히 띄운 다음 그 위에 초콜릿시럽을 뿌린다. 간단한 방법으로 특별한 커피를 즐길 수 있다.

라이트쇼콜라

입에 잘 맞고 담박한 느낌의 가토쇼콜라입니다. 오랫동안 구워온 케이크예요. 부담스럽지 않은 산뜻한 맛으로 그 안에 초콜릿과 헤이즐넛파우더의 깊은 맛이 숨어 있어서 쉽게 질리지 않습니다. 본래 18㎝ 원형틀에 만드는 것이 적당한데 무리해서 15㎝의 작은 틀에 만들었더니 반죽이 넘쳐흐를 정도로 부풀어 이렇게 재미있는 모양이 되었습니다. 레시피마다 틀이 정해진 것도, 양이 정해진 것도 아니니 자기 나름의 기준을 만들며 가끔은 거기서 벗어나 새로운 시도를 해보는 것도 자신만의 방법을 발견하는 길 중 하나겠지요.

부드러운 시선으로 다양한 각도에서 보는 것이 가장 중요합니다. 케이크를 사랑하는 사람으로서 기술을 닦는 것보다 상상력을 동원해 케이크 만드는 일을 즐기며 살고 싶어요.

 **지름 15㎝ 원형틀 1개 분량**

초콜릿 커버처(세미스위트) · 120g

버터 · 90g

생크림 · 50㎖

박력분 · 20g

헤이즐넛파우더 · 30g

달걀노른자 · 2개 분량

달걀흰자 · 3개 분량

흰설탕 · 65g

슈거파우더(마무리용) · 적당량

 Ready

- 박력분과 헤이즐넛파우더를 섞어 체에 내린다.
- 초콜릿을 잘게 자른다.
- 틀에 유산지를 깔아두거나 버터를 바르고 밀가루를 입혀 털어둔다(모두 분량 외).
- 오븐을 160℃로 예열한다.

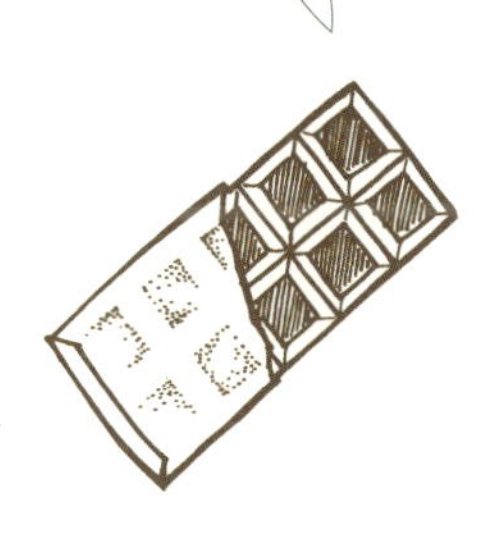

- 분리형 틀이 케이크를 꺼내기 쉽다.

Recipe

1 볼에 잘게 썬 초콜릿과 버터, 생크림을 넣고 전자레인지에 돌리거나 중탕으로 부드럽게 녹인다. 달걀노른자를 1개 분량씩 넣고 잘 섞은 다음 헤이즐넛파우더와 박력분 섞은 것을 넣어 잘 섞는다.

2 다른 볼에 달걀흰자를 넣고 흰설탕을 조금씩 넣으면서 핸드믹서로 거품을 내어 윤기 나는 머랭을 만든다.

3 ①에 ②의 머랭 한 주걱을 넣고 섞는다. 다시 남은 머랭의 1/2을 넣고 고무주걱으로 가볍게 저은 다음 이것을 거꾸로 머랭 볼에 넣고 머랭의 흰 부분이 보이지 않도록 빠르게 정성껏 섞어준다.

4 준비한 틀에 ③을 붓고 표면을 평평하게 고른 뒤, 160℃로 예열한 오븐에 45~50분간 굽는다. 가운데를 꼬치로 찔러봤을 때 반죽이 묻어나지 않으면 익은 것이다. 틀에서 꺼내 완전히 식힌 다음 취향대로 슈거파우더를 뿌려 마무리한다.

MEMO

56%, 72%, 86% 등 카카오 함량이 다른 초콜릿들이 시중에 많이 나와 있습니다. 나양한 카카오 초콜릿을 먹다 보면 카카오가 얼마나 들었느냐에 따라 초콜릿 맛이 어떻게 달라지는지, 그중 어떤 초콜릿이 자신의 입맛에 가장 잘 맞는지 알 수 있을 거예요.

리치쇼콜라

선물용 케이크를 만들 때, 속이 잘 구워졌는지, 맛은 있는지, 만드는 내내 걱정되지요? 그럴 때는 1개는 선물용으로, 또 1개는 시식용으로 같은 과자를 동시에 2개 만들어보세요. 10~12㎝ 정도의 작은 원형틀 2~3개를 가지고 있으면 소중한 보물이 됩니다. 10㎝ 크기의 사각틀도 있는데, 이 틀로 만든 작은 사각 케이크도 꽤 귀엽습니다. 리치쇼콜라는 라이트쇼콜라와는 다르게 단맛이 억제되고 카카오의 쓴맛이 나는 농후한 타입의 케이크예요. 하지만 무거운 타입은 아니어서 보기보다 먹기 쉬울 것입니다.

너무 굽지 않는 것이 포인트! 꼬치로 찔러서 체크할 때 반죽이 조금 묻어나는 정도에서 꺼내는 것이 가장 맛있습니다. 밤은 자르지 말고 통으로 넣어도 좋습니다.

 **지름 10~12㎝ 원형틀 2개 분량**

초콜릿 커버처 · 120g

버터 · 75g

카카오파우더 · 20g

흰설탕 · 60g

달걀 · 2개

밤(통조림) · 적당량

TIP

- 초콜릿은 세미스위트 100g에 비터 초콜릿 (다크초콜릿) 20g을 섞어 만들기도 한다. 한 가지 종류로 만들어도 좋고, 취향에 맞는 비율로 섞어서 만들어도 좋다.

Ready

- 달걀은 실온에 둔다.
- 초콜릿을 잘게 자른다.
- 틀에 유산지를 깔아두거나 버터를 바르고 밀가루를 입혀 털어둔다(모두 분량 외).
- 밤을 3~4등분한다.
- 오븐을 160℃로 예열한다.

Recipe

1 볼에 초콜릿과 버터를 넣고 녹인다. 카카오파우더를 체에 내려 넣고, 거품기로 섞는다.

2 다른 볼에 달걀을 넣고 흰설탕을 넣어 섞는다. 핸드믹서를 고속으로 돌려 뽀얗고 부드럽게 부풀 때까지 거품을 낸다(반죽을 떠 천천히 떨어뜨려봤을 때 리본 모양으로 쌓인 상태가 잠시 유지될 정도). 저속으로 조정해서 반죽의 결을 정리한다.

3 ①의 초콜릿에 ②의 달걀 반죽을 한 주걱 넣고 잘 섞는다. 이것을 ②의 볼에 다시 넣고 고무주걱으로 저어 색이 하나가 되도록 재빠르게 섞는다. 통조림 밤 자른 것을 넣고 전체를 재빠르게 섞는다.

4 틀에 붓고 표면을 평평하게 한 다음 160℃로 예열한 오븐에서 30분 정도 굽는다. 가운데를 꼬치로 찔러봤을 때 반죽이 묻어나지 않으면 익은 것이다. 리치쇼콜라의 경우는 반죽이 조금 묻어나는 정도에서 꺼내는 것도 맛있다.

소프트쇼콜라

머랭을 듬뿍 넣어 폭신폭신한 사랑스러운 초콜릿케이크. 작고 귀여운 머그컵을 틀로 사용해보았습니다. 보통 반죽이 미끄러지지 않도록 컵 내부에 버터를 바르지만, 이번에는 그대로 반죽을 넣고 구웠습니다.
초콜릿이 많이 들어간 케이크는 사용한 초콜릿의 맛이 반죽의 맛을 좌우하기 때문에 취향에 맞는 초콜릿을 찾아두는 것이 맛있는 케이크를 만드는 지름길이에요. 요즘 잘 팔리는 것이라든지, 주위에서 추천해준 것을 쓰는 것이 도움이 되기도 하지만 내 손으로 만드는 것이니까 나의 입맛을 기준으로 해서 초콜릿을 선택하는 것이 좋지요. 이것은 초콜릿뿐만 아니라 다른 재료를 고를 때도 해당됩니다.

 **지름 10㎝, 깊이 8㎝ 정도의 머그컵 2개 분량**

초콜릿 커버처(세미스위트) · 120g

생크림 · 2큰술

우유 · 1큰술

흰설탕 · 40g

달걀노른자 · 2개 분량

달걀흰자 · 4개 분량

박력분 · 25g

베이킹파우더 · 1/4작은술

Ready

- 초콜릿을 잘게 자른다.
- 박력분, 베이킹파우더를 섞어 체에 내린다.
- 오븐을 160℃로 예열한다.

Recipe

1 볼에 초콜릿과 생크림, 우유를 넣고 전자레인지 또는 중탕으로 녹인다.

2 다른 볼에 달걀흰자를 넣고 흰설탕을 조금씩 넣으며 핸드믹서로 거품을 낸다. 뽀얗게 거품을 올려 윤기 나는 머랭을 만든다.

3 ①에 달걀노른자를 1개 분량씩 넣고 섞은 다음 ②의 머랭을 1/3 정도 넣고 섞는다. 체에 내린 박력분과 베이킹파우더를 넣고 잘 섞는다.

4 ③을 ②의 머랭 볼에 붓고 고무주걱으로 머랭의 흰 부분이 남지 않도록 재빨리, 거품이 꺼지지 않게 정성껏 섞는다.

5 머그컵에 반죽을 붓고 표면을 평평하게 한 다음 160℃로 예열한 오븐에서 30분 정도 굽는다. 가운데를 꼬치로 찔러봤을 때 반죽이 묻어나지 않으면 익은 것이다.

MEMO

가끔은 머그컵을 과자 틀로 사용해보는 것도 신선하고 재미있습니다. 머그컵에 구워 컵째 포장지로 싸거나 상자에 넣어서 선물하는 것도 좋은 방법이에요. 오븐에 굽기 때문에 내열성이 있는 컵을 선택해주세요.

화이트쇼콜라

촉촉하고 부드러운 화이트쇼콜라. 화이트초콜릿을 사용해 하얗게 만든 부드러운 가토쇼콜라입니다. 고급 화이트초콜릿의 단맛을 레몬의 신맛으로 조금 중화시키고, 포인트로 오렌지 필을 넣어보았습니다. 여기에서는 오렌지 슬라이스라는 이름으로 팔리고 있는 부드러운 타입을 사용했어요. 오렌지 필 대신 건포도를 럼에 불린 럼 레이진(Rum Raisin)을 넣어도 맛있습니다. 푹신푹신하고 부드러운 촉감을 만들어주는 머랭은 너무 거품이 일지 않도록 해야 합니다. 매끈하고 촘촘한 거품으로 천천히 떨어질 정도의 머랭이 적당해요.

이 과자를 먹을 때는 커피보다 홍차를 마시는 것을 추천합니다. 향이 좋은 홍차를 정성껏 우려 준비하고, 냉장고에 차게 둔 촉촉한 쇼콜라를 곁들여 느긋하게 즐겨보세요.

 **15×15㎝ 사각틀 1개 분량**

초콜릿 커버처(화이트) · 60g

버터 · 30g

흰설탕 · 15g

생크림 · 50㎖

달걀노른자 · 2개 분량

달걀흰자 · 2개 분량

박력분 · 15g

아몬드파우더 · 15g

레몬즙 · 1/2큰술

쿠앵트로 · 1큰술

오렌지 필 · 40g

Ready

• 화이트초콜릿을 잘게 썬다.

• 박력분, 아몬드파우더를 섞어 체에 내린다.

• 틀에 유산지를 깐다.

• 오븐을 150℃로 예열한다.

Recipe

1 볼에 화이트초콜릿과 버터, 생크림을 넣고 전자레인지 또는 중탕으로 녹인다.

2 여기에 달걀노른자(1개 분량씩), 박력분, 아몬드파우더, 오렌지 필, 레몬즙, 쿠앵트로를 차례로 넣고, 넣을 때마다 잘 섞는다.

3 다른 볼에 달걀흰자를 넣은 후 흰설탕을 조금씩 넣으면서 거품을 내고, 걸쭉하고 부드럽게 떨어지는 묽은 머랭을 만든다(거품기로 떴을 때 금세 흘러내리는 정도).

4 ②에 ③의 머랭을 한 주걱 넣고 거품기로 섞는다. 남은 머랭을 두 번에 나누어 넣고, 고무주걱으로 깔끔하게 섞는다.

5 틀에 붓고 150℃로 예열한 오븐에서 40분 정도 굽는다. 가운데를 꼬치로 찔러봤을 때 반죽이 묻어나지 않으면 익은 것이다. 틀에서 꺼내 식히고 냉장고에 차게 두었다가 먹는다.

카카오니브를 넣은 동글동글쿠키

카카오의 은은한 향기가 감돌고, 카카오니브의 오독오독한 식감이 재미있는 동그랗고 귀여운 쿠키입니다. 카카오니브는 볶은 카카오빈에서 나온 재료예요. 시판 중인 과자나 제과점의 과자 중에서도 카카오니브가 들어 있는 것을 본 적이 있어 한번 사용해볼까 하고 시험 삼아 해본 것이 시작이 되었습니다. 무엇을 넣어도 맛있게 될 거라고 생각했지만, 사실은 그렇지 않았습니다. 과자의 종류와 들어가는 양에 따라 그 존재가 참 어중간하게 느껴지기도 했어요. 하지만 꽤 깊이가 있는 소재입니다. 첫 시도로는 쿠키에 사용해보는 것이 무난하지 않을까 생각되네요. 카카오니브를 사용해보지 않은 분들은 먼저 쿠키 만들기에 도전해보시기를 권합니다.

 **약 35개 분량**

박력분 · 70g
아몬드파우더 · 45g
버터 · 45g
흰설탕 · 10g
소금 · 조금
카카오니브 · 15g
슈거파우더(마무리용) · 적당량

커터가 없을 때는 이렇게!

실온에 두어 부드러워진 버터를 볼에 넣고 핸드믹서로 크림 상태가 될 때까지 저은 후 흰설탕과 소금을 넣고 뽀얗게 될 때까지 잘 섞는다. 체에 내린 박력분, 아몬드파우더, 카카오니브를 한꺼번에 넣고, 고무주걱으로 가루가 남아 있지 않을 때까지 섞는다.

Ready

- 버터는 사방 1.5cm 크기의 주사위 모양으로 잘라 냉장고에 넣어둔다.
- 철판에 유산지를 깐다.
- 오븐을 170℃로 예열한다.

Recipe

1 커터에 박력분, 아몬드파우더, 흰설탕, 소금을 넣고 3~5초 돌린 다음 체에 내린다. 버터와 함께 다시 커터에 넣은 후 전원을 끄고 켜기를 반복하며 골고루 섞는다. 카카오니브를 넣고 다시 전원을 끄고 켜기를 반복해 재료를 골고루 섞는다.

2 ①을 비닐봉지에 넣고 평평하게 펼쳐서 냉장고에서 1시간 이상 휴지시킨다.

3 반죽을 숟가락이나 손으로 떼어 지름 1.5~2cm의 공 모양으로 동글동글하게 만들어 철판에 어느 정도 간격을 두고 나란히 놓는다.

4 170℃로 예열한 오븐에서 15분 정도 굽는다. 꺼내어 식힘망에 얹어 완전히 식힌 다음 슈거파우더가 들어 있는 비닐 봉투에 몇 개씩 넣고 흔들어 하얗게 슈거파우더를 묻힌다.

MEMO

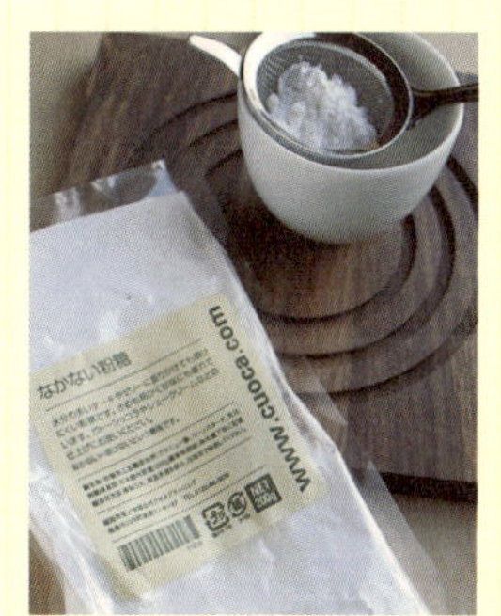

슈거파우더는 '데코스노'라는 이름의 제품이 많이 쓰입니다. 온기에 강해 쉽게 녹지 않는 형태의 가루설탕이지요. 과자 만들기의 마무리 단계에서 살포시 뿌려주면 눈이 내린 것처럼 깔끔하고 아름다운 상태를 오랫동안 유지할 수 있어요.

초콜릿파이

바삭바삭한 코코아 맛 파이크러스트에 리큐어가 들어간 가나슈를 넣고 굳혀 어른들을 위한 초콜릿파이를 만들었어요. 이 파이는 가나슈가 맛을 좌우한다고 할 정도로 많이 들어가서 마치 생초콜릿을 먹고 있는 듯한 느낌이 듭니다. 파이 반죽을 얇게 하면 더욱 고급스럽고 세련된 느낌이 들어요. 쓴맛이 약간 도는 품질 좋은 비터 초콜릿과 기호에 맞는 리큐어를 사용해서 만들어보세요. 여기서는 블랜디와 럼, 그랑 마르니에를 주로 사용합니다.

맛과 빛깔이 강한 파이이므로 작게 조각내어 접시에 담아보세요. 가을이나 겨울 늦은 밤, 〈러브 스토리〉 DVD를 볼 때 가볍게 술과 함께 즐기는 것도 좋을 것 같네요. 술을 잘 마시지 못한다면 커피나 홍차에 양주를 몇 방울 떨어뜨려서 함께 마셔도 좋습니다. 양주 역시 과자를 만드는 데 유용한 재료예요.

🥄 **지름 18㎝ 타르트틀 1개 분량**

박력분 · 60g	**초콜릿 필링**
강력분 · 25g	초콜릿 커버처(세미스위트) · 150g
카카오파우더 · 10g	생크림 · 150㎖
버터 · 75g	버터 · 30g
흰설탕 · 1작은술	그랑 마르니에 · 1큰술
차가운 물 · 2큰술	
소금 · 조금	

커터가 없을 때는 이렇게!

볼에 박력분, 강력분, 카카오파우더, 흰설탕, 소금을 체에 내리고 버터를 넣는다. 칼이나 스크레이퍼로 버터를 자르듯이 가루와 섞어 보슬보슬한 상태로 만든다. 차가운 물을 넣고 섞은 다음 한 덩어리로 뭉쳐 파이 반죽을 완성한다.

🍲 Recipe

1 먼저 파이 반죽을 만든다. 커터에 박력분, 강력분, 카카오파우더, 흰설탕, 소금을 넣고 3~5초 돌린 다음 체에 내린다. 버터와 함께 다시 커터에 넣고 전원을 끄고 켜기를 반복해 버터와 가루가 골고루 섞이면 차가운 물을 넣고, 전원을 끄고 켜기를 반복한다. 가루가 남아 있지 않도록 골고루 섞는다.

2 반죽을 꺼내어 손으로 가다듬어 한 덩어리로 납작하게 만들고 비닐 봉지나 랩에 싸서 냉장고에 1시간 이상 휴지시킨다.

3 바닥에 덧가루를 뿌리고 반죽을 꺼내 밀대로 2~3㎜ 두께로 동그랗게 밀어 틀에 맞게 깐다. 옆면이 뜨지 않게 매만지고 남는 반죽을 떼어낸다. 밑면 전체에 포크로 구멍을 뚫고 랩을 씌워 냉장고에서 30분 이상 휴지시킨다.

4 ③의 반죽 위에 은박지나 유산지를 깔고, 누름돌을 얹어 190℃로 예열한 오븐에서 20~25분 정도 굽는다. 다 구워지면 틀째로 식힌다.

5 초콜릿 필링을 만든다. 초콜릿과 버터를 볼에 넣고 전자레인지에 녹이거나 작은 냄비에 넣고 녹인 다음 끓어오르기 직전까지 데운 생크림을 한 번에 넣어 섞는다. 그랑 마르니에를 넣어 섞는다.

6 ⑤의 볼 밑바닥을 이따금 얼음물에 담가 가볍게 식혀 액체에 끈기가 생기면(파이 반죽의 구멍에서 필링이 흘러나오지 않도록), ④의 파이에 부어 냉장고에서 확실히 굳힌다. 반나절 이상 두는 것이 좋다.

🕐 Ready

- 파이 반죽용 버터를 사방 1.5㎝ 크기의 주사위 모양으로 잘라 냉장고에 넣어둔다.
- 초콜릿을 잘게 썬다.
- 필링용 버터는 실온에 둔다.
- 오븐을 190℃로 예열한다.

초콜릿스콘

겉은 바삭바삭하고 속은 부드럽게! 식어도 맛있는 환상적인 배합으로 초콜릿스콘을 만들어볼까요? 촉촉한 느낌이 충분해야 맛있어요. 그렇게 하려면 반죽을 만들기가 만만치 않겠지만, 잘 만들면 맛은 확실하게 보장할 수 있습니다.

커터가 있으면 꼭 활용해보세요. 손의 열이 버터와 수분에 전해지지 않고 재빠르게 가루와 섞이기 때문에 반죽의 끈적거림을 막을 수 있습니다. 어쩔 수 없이 손으로 만들어야 한다면 재료를 꼭 차갑게 해서 쓰세요. 모든 가루 재료와 버터를 냉장고에 넣었다 쓰는 것이 좋습니다. 그리고 손을 재빠르게 움직여서 반죽을 정리해야 합니다. 덧가루를 적게 사용하려면 들러붙지 않도록 유산지 위에서 작업하는 것도 한 가지 방법입니다.

초코칩을 넣은 간식으로 안성맞춤인 초콜릿스콘을 맛있게 구워보세요! 제대로 된 단맛을 느낄 수 있을 거예요.

 **지름 6㎝ 크기 약 8개분**

박력분 · 160g	달걀노른자 · 1개 분량
카카오파우더 · 20g	달걀 · 1개
베이킹파우더 · 1/2큰술	흑설탕 · 40g
버터 · 60g	소금 · 조금
생크림 · 100㎖	초코칩 · 50g

Recipe

1 커터에 박력분, 카카오파우더, 베이킹파우더, 흑설탕, 소금을 넣고, 3~5초 돌려 체에 내린다. 버터와 함께 다시 커터에 넣고 전원을 끄고 켜기를 반복해 재료를 골고루 섞는다. 가루가 모두 섞이면 초코칩을 넣어 가볍게 돌린다. 차갑게 두었던 달걀 생크림 혼합물을 넣고 다시 전원을 끄고 켜기를 반복해 덩어리가 되게 한다.

2 덧가루를 뿌린 받침대에 ①의 반죽을 올리고, 여러 번 접어가며 섞어 반죽을 반들반들하게 한다. 밀대로 1.5~2㎜ 두께로 밀어 지름 6㎝의 원형 쿠키틀로 찍어낸다.

3 철판에 간격을 두고 나란히 놓은 다음 180℃로 예열한 오븐에서 20분 정도 굽는다.

커터가 없을 때는 이렇게!

볼에 박력분, 카카오파우더, 베이킹파우더, 흑설탕, 소금을 섞어 체에 내린다. 여기에 차가운 버터를 넣고 칼이나 스크레이퍼로 버터를 자르듯이 가루와 섞어 어느 정도 버터가 작게 잘리면 손바닥으로 비벼 부슬부슬한 소보로 상태로 만든다. 반죽이 녹아 물러지면 냉장고에 넣어 굳혀서 쓴다.
초코칩을 넣고 섞은 뒤, 달걀 생크림 혼합물 2/3를 넣고 자르듯 섞는다. 상태를 보면서 달걀 생크림 혼합물 남은 것을 더 넣어 날가루가 없게 만든다.

Ready

- 버터를 사방 1.5㎝ 크기의 주사위 모양으로 잘라 냉장고에 넣어둔다.
- 달걀과 달걀노른자를 풀고 생크림과 섞어 냉장고에 넣어둔다.
- 초코칩을 냉장고에 넣어둔다.
- 철판에 유산지를 깐다.
- 오븐을 180℃로 예열한다.

MEMO

여러 가지 용도로 쓰기 좋은 캔디팟. 사탕이나 과자뿐만 아니라 집에서 구운 스콘, 머핀, 조그만 빵 등을 넣어두기에도 좋습니다.

초코롤

카카오 맛이 듬뿍 나는 초콜릿 색 스펀지에 흰 크림을 빙 두른, 가장 좋아하는 롤케이크입니다. 스펀지와 크림만으로 만들어도 좋지만, 여기에서는 한 가지 요소를 더해 초코롤을 한 단계 업그레이드해보았습니다. 검은 빛깔의 가나슈를 스펀지에 먼저 바른 다음 크림을 발라 완성했어요.

차가운 맛으로 먹는 친숙한 롤케이크. 촉촉한 코코아스펀지에 부드럽게 굳은 가나슈, 감미로운 생크림이 더해져 마치 달콤한 맛의 삼중주를 연주하고 있는 듯합니다. 조금 과한 표현인지 모르겠지만 그 정도로 마음을 뺏겨버린 케이크랍니다.

 **30×30㎝ 철판 1개 분량**

박력분 · 40g

카카오파우더 · 25g

흰설탕 · 100g

달걀 · 4개

가나슈

초콜릿 커버처(비터) · 30g

생크림 · 30㎖

크림

생크림 · 120g

흰설탕 · 1/2작은술

브랜디 · 1작은술

 **Ready**

• 달걀을 실온에 둔다.

• 박력분과 카카오파우더를 섞어 체에 내린다.

• 초콜릿을 잘게 자른다.

• 철판에 유산지를 깐다.

• 오븐을 180℃로 예열한다.

Recipe

1 먼저 스펀지를 만든다. 볼에 달걀을 풀고 흰설탕을 넣어 핸드믹서로 대강 섞는다.

2 ①의 볼을 뜨거운 물이 담긴 볼에 올려 중탕으로 데우면서 핸드믹서를 고속으로 해 거품을 낸다. 반죽이 36℃ 정도로 따뜻해지면 중탕에서 빼고, 뽀얗게 될 때까지 계속해서 거품을 낸다. 반죽을 천천히 떨어뜨렸을 때 리본 모양으로 쌓인 상태에서 잠시 유지될 정도의 농도가 되면 저속으로 좀 더 섞어 반죽의 결을 정리한다.

3 체에 내린 박력분과 카카오파우더를 ②에 넣고, 고무주걱으로 밑에서부터 크게 뜨듯이 정성스럽게 섞는다.

4 철판에 ③의 반죽을 붓고 표면을 평평하게 고른 다음 180℃로 예열한 오븐에서 12분 정도 굽는다. 다 구워지면 철판에서 꺼내어 유산지를 벗기지 않은 채로 식힘망 위에 올리고 굳지 않도록 랩을 씌워 식힌다.

5 가나슈를 만든다. 작은 볼에 잘게 자른 초콜릿을 넣고 전자레인지에 녹이거나 중탕으로 녹인다. 끓어오르기 직전까지 데운 생크림을 한 번에 붓고 천천히 저어 식힌다.

6 다른 볼에 생크림, 흰설탕, 브랜디를 넣고 거품기로 한 움큼 떴다가 떨어뜨렸을 때 살짝 무거운 상태가 될 때까지 거품을 내 크림을 만든다.

7 ④의 유산지를 떼어내고, 노릇하게 구워진 면을 위로 해서 떼어낸 유산지 위에 둔다. 한쪽 끝 부분은 빵이 잘 여며지도록 잘라낸다. 스펀지 전체에 ⑤의 가나슈를 얇게 바른다. 계속해서 생크림을 가나슈 위에 바른다(잘라낸 부분에는 바르지 않는다).

8 유산지를 한쪽 끝부터 들어 올려 스펀지를 한 번에 안으로 접듯 심을 만들어 돌돌 만다. 롤 전체를 랩으로 싼 후 여민 부분이 아래로 오도록 해 냉장고에 1시간 이상 둔다.

밀크초콜릿푸딩

걸쭉하고 부드러운 크림 형태의 초콜릿푸딩입니다. 밀크초콜릿을 사용해 빛깔도 맛도 우유처럼 부드러운 느낌이에요. 데미타스 컵(에스프레소잔)에 담아 1인분씩 작게 만들었습니다. 아이들을 위한 부드러운 푸딩이지만 의외로 어른들도 맛있게 먹을 수 있습니다. 브랜디 등의 리큐어를 조금씩 넣어도 좋아요.

오븐에 중탕으로 굽고 있으면, '지금 푸딩이 구워지고 있구나' 하는 생각에 들떠 왠지 아련한 행복감이 밀려옵니다. 찜기에 넣고 찔 수도 있는데, 그때는 보온력이 있는 두꺼운 냄비를 사용하면 좋아요. 냄비 바닥에 키친타월이나 천을 깔아 그릇이 달그락거리지 않고 열이 고르게 가도록 하세요. 그다음 푸딩컵을 나란히 놓고 컵의 반 정도가 잠기도록 뜨거운 물을 부어요. 중간 불에 올리고 끓어오르면 2분 정도 더 가열하고 불을 끄세요. 뚜껑을 덮은 상태로 30분 정도 그대로 두면 남아 있는 열에 의해 완전히 익는답니다.

 **데미타스 컵 5개 분량**

초콜릿 커버처(밀크) · 65g
우유 · 150g
생크림 · 50㎖
달걀노른자 · 3개 분량
흰설탕 · 1큰술
바닐라에센스 · 조금

 **Ready**

• 초콜릿을 잘게 자른다.
• 오븐을 150℃로 예열한다.

 **Recipe**

1 볼에 초콜릿과 생크림을 넣고 전자레인지 또는 중탕으로 녹인다. 흰 설탕과 달걀노른자를 1개 분량씩 차례로 넣고, 넣을 때마다 거품기로 저어 섞는다.

2 냄비에 우유를 넣고 중간 불에 올려, 끓기 직전까지 데운다(전자레인지로 데워도 된다).

3 ①에 ②를 조금씩 넣어 부드럽게 섞은 다음 체에 걸러 바닐라에센스를 넣는다.

4 준비해둔 컵에 ③을 붓고 표면에 뜬 거품을 숟가락으로 제거한다.

5 철판에 컵을 얹고 컵의 1/3~1/2 정도까지 차도록 뜨거운 물을 부은 다음 150℃로 예열한 오븐에서 40분 정도 중탕으로 굽는다. 꺼내어 상온에 식혀 열기가 없어지면 냉장고에 넣어 차게 한다.

▶▶얕은 철판 대신 깊이가 있는 사각틀을 사용하면 뜨거운 물을 가득 넣을 수 있다. 깊이가 있는 법랑 쟁반을 이용해도 좋다. 컵과 사각틀 사이에는 키친타월을 끼워 열이 은은하게 닿도록 한다.

MEMO

초콜릿 모양을 본떠 만든 문구용품이나 액세서리가 많아요. 실물하고 너무나 비슷해서 무심결에 진짜 초콜릿으로 착각할 것만 같은 제품들도 있답니다. 초콜릿을 좋아하는 사람이라면 이런 물건들로 기분 전환을 하는 것도 나쁘지 않을 것 같아요.

초코민트아이스크림

어렸을 때 초코민트아이스크림을 보고 "치약에 초콜릿이 들어 있는 것 같아 싫어!"라고 했던 기억이 나요. 어른이 되면서 입맛이 변한 탓인지, 지금은 좋아한답니다.

여기에서 소개하는 초코민트아이스크림은 시판되는 것을 섞기만 했기 때문에 만들기가 무척 간단합니다. 좀처럼 과자 만들기에 속도가 나지 않아 속상할 때 '아이스크림부터 직접 만들어보자!'라는 생각은 유쾌한 기분 전환이 될 거예요. 다음에 만들 과자가 조금 어려워도 한번 만들어보고 싶다는 생각을 하게 될 것입니다.

시중에서 파는 아이스크림을 섞어서 만드는 것이지만, 완성도는 최고랍니다! 냉동실에서 하루 동안 얼리면 마시멜로가 아이스 반죽에 완전히 섞여서 더 맛있어요.

 **약 6인분**

초콜릿 커버처(밀크) · 50g
미니 마시멜로 · 30g
민트 리큐어 · 1½큰술
바닐라아이스크림 · 250g

Ready

• 초콜릿을 대강 잘라 냉장고에 넣어둔다.

Recipe

1 볼에 바닐라아이스크림을 넣고 큰 숟가락이나 주걱으로 대강 으깬다.
2 민트 리큐어, 조각낸 초콜릿을 차례로 넣고 섞는다.
3 조금 부드러워졌을 때 마시멜로를 넣어 섞은 다음 랩을 씌워 냉동실
  에서 얼린다. 다음 날 먹는 게 가장 맛있다.

MEMO

마시멜로
마시멜로는 사용하기 쉬운 미니 타입
을 추천합니다. 1봉지씩 사놓으면 쓰
기 편해요.

민트 리큐어
산뜻한 향이 나는 녹색의 민트 리큐
어는 무스와 젤 등에도 사용해요.

바닐라아이스크림
시판되고 있는 바닐라아이스크림을
취향에 맞게 선택하세요.

다양한 초콜릿 과자를 즐겨보세요!

초콜릿 제품은 나라마다 회사마다 정말 각양각색이에요.
그대로 먹어도 맛있는 것, 캔이나 박스가 세련된 것, 독특하고 재미있는 것,
과자로 만들어보고 싶은 판초콜릿 등이 많이 눈에 띕니다.

웡카 초콜릿(Wonka)

〈찰리와 초콜릿 공장〉에 등장했던 판초콜릿. 1개씩 포장되어 있고, 속에는 라이스 크리스피에 걸쭉한 소스가 들어 있어요. 그러나 아직까지 황금 티켓은 못 찾았어요.

토레스 초콜릿 퐁뒤(Torres)

전자레인지에 돌리는 것만으로 간단하게 퐁뒤를 만들 수 있는 손쉬운 초콜릿 퐁뒤입니다. 귀엽고 멋진 밤색 도자기에 들어 있는 것도 매력적이에요. 과일이나 사각형으로 자른 스펀지케이크를 준비해 찍어서 먹으면 맛있습니다.

코트도르 초콜릿(Côte d'or)

제과제빵용 초콜릿을 구하기 힘들 때 가토쇼콜라의 맛을 내기 위해 시판 판초콜릿을 이것저것 시험 삼아 써본 적이 있는데 그때 많이 사용한 초콜릿입니다.

초코 피넛(Conguitos)

볶은 땅콩을 화이트초콜릿과 브라운초
콜릿으로 코팅해 그 위에 제품 캐릭터
얼굴을 그려놓은 섬세한 초콜릿입니다.
저도 모르게 미소를 짓게 돼요. 휴대용
케이스도 꽤 귀엽고 맛도 있어요.

쇼카콜라Scho ka kola(Gubor)

독일 구보 사의 초콜릿. 찰카닥 하고 닫
히는 복고풍 디자인의 빨간 캔에 끌려
구입했어요. 카페인이 들어 있는 비터
초콜릿은 집중력을 높여주기 때문에 군
인들에게 나눠주었던 것이라고 해요. 그
런 의미에서 운전할 때 먹곤 한답니다.

린도 화이트(Lindt)

저는 화이트초콜릿을 가장 좋아합니다.
린트사의 화이트초콜릿은 입안에서 스
르르 녹는 공 모양의 초콜릿 안에 크림
과 부드러운 필링이 가득 들어 있어 매
우 맛있어요. 우유 맛이 진하고 달콤해
서 먹지 않고는 참을 수 없지요.

CHOCOLATE

MILK CHOCOLATE PUDDING
SOFT CHOCOLAT
CHOCOLATE SCONE

CARAMEL &
CHOCOLATE

캐러멜과 초콜릿 과자

캐러멜사과와 화이트초콜릿무스

부글부글 짙은 쪽빛의 캐러멜로 코팅한 캐러멜사과는 정말이지 좋아하지 않을 수가 없어요. 파이와 타르트, 롤케이크, 버터케이크, 어떤 것에 사용해도 잘 어울립니다. '음, 역시 캐러멜사과는 맛있어'라고 저랑 똑같이 생각한 사람에게는 좋은 일만 생기면 좋겠습니다.

플레인요구르트에 생크림과 캐러멜사과를 넣고 꿀을 뿌린 것을 간식이나 디저트로 자주 먹어요. 이번에는 바루아풍의 부드러운 반죽에 캐러멜사과를 섞었습니다. 화이트초콜릿의 순한 달콤함이 녹아 있는 크림 모양의 디저트입니다.

약 6인분

초콜릿 커버처(화이트) · 60g
우유 · 150㎖
달걀흰자 · 1개 분량
흰설탕 · 10g
생크림 · 100㎖
럼 · 1/2큰술
가루 젤라틴 · 5g
물 · 2큰술
캐러멜사과
사과(큰 것) · 1개
흰설탕 · 2큰술
물 · 1작은술

Ready

• 화이트초콜릿을 잘게 잘라 전자레인지나 중탕으로 녹인다.

• 사과는 껍질을 벗겨 씨를 제거하고 한입 크기로 자른다.

• 가루 젤라틴에 물 2큰술을 부어 불린다.

• 우유를 전자레인지에 넣고 36℃ 정도로 데운다.

Recipe

1 먼저 캐러멜사과를 만든다. 프라이팬이나 냄비에 흰설탕과 물을 넣고 중간 불에서 흔들지 않고 녹인다. 노릇노릇한 색이 돌면 프라이팬을 흔들어 색을 균일하게 하고, 갈색이 되면 사과를 넣는다. 수분이 거의 없어질 때까지 졸이고 그대로 식혀서 그릇에 담아둔다.

2 무스를 만든다. 녹인 화이트초콜릿을 볼에 넣고 우유를 조금씩 부으며 녹이듯이 젓는다. 생크림과 럼도 넣고 섞는다.

3 불린 가루 젤라틴을 전자레인지에 넣어 몇 초 동안 돌려 녹인 다음(끓을 때까지 두지 않는다), ②를 한 국자 넣어 섞고, 이것을 거꾸로 ②의 볼에 넣어 섞는다. 체에 한 번 거른다.

4 다른 볼에 달걀흰자를 넣고, 흰설탕을 조금씩 넣으면서 핸드믹서로 거품을 내어 촘촘한 머랭을 만든다.

5 ③의 볼을 얼음물에 살짝 대고 식히면서 천천히 저어 끈기가 생기도록 한다. 걸쭉해지면 ④의 머랭을 두 차례에 나누어 넣고 섞는다.

6 ①에 ⑤의 무스를 붓고 냉장고에 넣어 굳힌다.

트리플마블바나나파운드

바나나버터케이크 반죽에 캐러멜과 초콜릿, 호두를 섞어 마블 무늬를 만들었어요. 바나나 반죽의 연갈색, 캐러멜의 갈색, 초콜릿의 진한 갈색까지 안정된 빛깔의 마블 무늬가 보기에도 맛있는 버터케이크입니다. 오독오독 씹히는 맛과 고소함을 위해 호두를 넣어보았습니다. 바나나퓌레는 최소량만 넣어 부담스럽지 않은 케이크예요. 가볍게 먹을 수 있답니다.

바나나는 당도가 높아짐에 따라 껍질에 슈거 스폿(Sugar Spot)이라 불리는 갈색 점이 나타납니다. 이것은 '바나나가 달아졌어요. 딱 먹기 좋아요'라는 사인이에요. 과자에는 이렇게 잘 익은 바나나를 으깨어 넣어요. 그러나 바나나가 너무 농익으면 혀에 거슬리는 맛이 나기도 하니 주의하세요.

 **21×8×6㎝ 파운드틀 1개 분량**

박력분 · 120g

베이킹파우더 · 1/2작은술

버터 · 90g

흰설탕 · 70g

달걀 · 1개

바나나 · 80g

캐러멜크림(p.12) · 40g

초콜릿 커버처(비터) · 20g

호두 · 30g

우유 · 1큰술

소금 · 조금

Ready

• 박력분, 베이킹파우더, 소금을 섞어 체에 내린다.

• 버터와 달걀을 실온에 두고, 달걀은 풀어놓는다.

• 캐러멜크림은 실온에 두거나 전자레인지에서 몇 초 녹여 부드럽게 해 볼에 담아둔다.

• 초콜릿을 잘게 잘라 전자레인지 또는 중탕으로 녹인다.

• 틀에 유산지를 깐다.

• 호두는 160℃ 오븐에서 6~8분 구워 식힌 다음 잘게 잘라둔다. 마른 냄비에 볶아서 잘라도 된다.

• 오븐을 160℃로 예열한다.

Recipe

1 바나나는 껍질을 벗기고, 포크로 곱게 으깬다.

2 볼에 버터를 넣고, 핸드믹서로 크림 상태가 될 때까지 섞는다. 흰설탕을 넣고 뽀얗게 올라오도록 공기와 함께 잘 섞는다.

3 ②에 풀어놓은 달걀을 조금씩 넣고 잘 젓는다. 계속해서 ①의 바나나, 잘게 썬 호두를 차례로 넣고 섞는다.

4 가루 재료를 한꺼번에 체에 내려 ③에 넣고 고무주걱으로 윤이 날 때까지 정성스럽게 섞은 다음 우유를 넣는다.

5 ④의 1/3가량을 캐러멜크림 볼에 넣고 섞어 캐러멜 반죽을 만든다. 초콜릿 볼에도 ④를 조금 넣고 섞는다.

6 ④의 볼에 ⑤의 캐러멜 반죽과 초콜릿 반죽을 모두 넣고 동작을 크게 해 전체를 한두 번 섞어서 마블 무늬를 만든다.

7 ⑥의 반죽을 틀에 붓고 표면을 평평하게 고른 다음 160℃로 예열한 오븐에서 45분 정도 굽는다. 가운데를 꼬치로 찔러봤을 때 반죽이 묻어나지 않으면 틀에서 꺼내 식힌다.

코코아캐러멜크림롤

이 코코아롤 반죽은 윤기가 흐르는 머랭에 달걀노른자를 섞고, 가루 재료, 생크림 순으로 넣어 만듭니다. 이렇게 만들면 머랭이 매우 부드러워져서 푹신푹신한 느낌이 잘 살아요. 스펀지에 솔을 이용하여 초콜릿 리큐어를 바르고 캐러멜크림을 얹어 도르르 말아요. 리큐어를 발라야 어른들 입맛에 잘 맞는 과자가 되니까 꼭 사용하세요. 커피 리큐어도 잘 어울립니다. 한 가지를 더 넣는다면 무엇이 좋을까요? 대강 으깬 밤이나 잘게 조각낸 초콜릿, 마시멜로 등을 넣어도 좋겠죠?

크림을 바를 때는 팔레트 나이프를 사용합니다. 손잡이 부분이 'L'자 모양으로 꺾여 있는 것을 쓰면 손잡이가 날보다 높이 있어서 손에 크림을 묻히지 않고 바를 수 있어요. 다양한 도구를 사용해보고 싶은 분이라면 시험 삼아 사용해보세요.

 **30×30cm 철판 1개 분량**

박력분 · 35g

카카오파우더 · 10g

흰설탕 · 70g

달걀흰자 · 3개 분량

달걀노른자 · 3개 분량

생크림 · 2큰술

캐러멜크림

생크림 · 150㎖

캐러멜크림(p.12) · 20g

흰설탕 · 1작은술

초콜릿 리큐어 · 20㎖

Ready

• 달걀을 실온에 둔다.

• 박력분과 카카오파우더를 섞어 체에 내린다.

• 생크림은 전자레인지나 냄비로 데운다.

• 캐러멜크림을 부드러운 상태로 만든다(실온에 두거나 전자레인지에 넣어 몇 초 돌린다).

• 철판에 유산지를 깐다.

• 오븐을 180℃로 예열한다.

Recipe

1 먼저 스펀지를 만든다. 볼에 달걀흰자를 넣고 푼 다음 흰설탕을 조금씩 넣으면서 핸드믹서로 거품을 내어 윤기가 나는 머랭을 만든다.

2 ①에 달걀노른자를 1개 분량씩 넣고 섞는다.

3 박력분과 카카오파우더를 체에 내려 ②에 넣고 고무주걱으로 밑에서부터 크게 저어서 정성스럽게 섞는다. 몽실몽실하고 윤기가 흐르는 상태가 되면 전자레인지나 작은 냄비에서 데운 생크림을 뜨거울 때 고무주걱으로 떠서 표면에 뿌리듯이 넣고 섞는다.

4 틀에 ③의 반죽을 붓고, 표면을 평평하게 고른 다음 180℃로 예열한 오븐에서 10~12분 정도 굽는다. 다 구워지면 철판에서 꺼내어 유산지를 벗기지 않은 채로 식힘망에 올리고 마르지 않도록 랩을 씌워 식힌다.

5 볼에 생크림, 캐러멜크림, 흰설탕을 넣고 거품기로 7~8분 거품을 내 크림을 만든다.

6 ④의 유산지를 벗기고, 노릇노릇하게 구운 면이 위로 오도록 해서 유산지 위에 둔다. 한쪽 끝 부분은 깔끔하게 비스듬히 잘라내고 솔을 이용해 표면 전체에 초콜릿 리큐어를 바른다. 그 위에 ⑤의 크림을 바른다(잘라낸 부분에는 바르지 않는다).

7 유산지를 한쪽 끝부터 들어 올려 스펀지를 한 번에 안으로 접듯 심을 만들어 돌돌 만다. 여민 끝 부분이 아래로 오도록 놓고 롤 전체를 랩으로 싸서 냉장고에 1시간 이상 둔다.

사르르 녹는 생초콜릿

캐러멜의 쌉싸래한 맛이 아련하게 퍼지는 생초콜릿입니다. 강하게 졸여서 쌉쌀한 맛이 나는 캐러멜크림을 조각낸 초콜릿에 한 번에 넣고, 부드럽게 녹여 캐러멜가나슈를 만듭니다. 거품을 낸 가나슈 반죽은 공기를 머금고 굳어지기 때문에 에어 초콜릿(Air Chocolate)처럼 부드럽고 식감이 좋은 반죽이 됩니다.

상온에서는 녹을 수 있으니 냉장고에 넣어두어야 합니다. 얼어도 딱딱하게 굳지 않기 때문에 여름철에는 냉동하기도 해요. 차가운 초콜릿을 하나하나 집어 먹어도 맛있답니다. 가볍게 사르르 녹는 맛에 하나 더, 또 하나 더 하면서 계속 손을 뻗어버리고 말아요. 한번 먹으면 멈출 수 없는 맛입니다. 오렌지 필과 럼을 섞어 만들어도 맛있습니다.

 **약 20개 분량**

초콜릿 커버처(세미스위트) · 120g
흰설탕 · 40g
생크림 · 150㎖
브랜디 · 1/2큰술
물 · 1작은술
카카오파우더(마무리용) · 적당량

Ready

• 생크림은 전자레인지나 냄비로 데운다.

• 초콜릿을 잘게 잘라둔다.

• 큰 접시에 유산지를 깐다.

Recipe

1 작은 냄비에 흰설탕과 물을 넣어 중간 불에 올리고, 냄비를 흔들지 않고 녹인다. 가장자리에 갈색이 돌면 냄비를 흔들어 색을 균일하게 하고, 짙은 갈색이 되면 불을 끈다. 전자레인지 또는 냄비에서 뜨겁게 데운 생크림을 조금씩 부어(쏟아지지 않도록 주의할 것), 고무주걱으로 잘 섞는다.

2 ①이 뜨거울 때 잘게 자른 초콜릿이 담긴 볼에 한 번에 따라 붓고, 고무주걱으로 천천히 저어 초콜릿을 녹인 후 브랜디를 넣는다.

3 ②의 볼을 얼음물에 대어 섞으면서 식힌 다음 냉장고에 넣어둔다. 70~80% 정도 굳었을 때 꺼낸 후 거품기로 거품을 내듯 치대어 공기층이 골고루 들어가도록 한다(색이 뽀얗게 흐려지면서 거품기 끝에 부드러운 뿔 모양이 생길 정도). 이렇게 하면 푹신한 느낌의 부드러운 초콜릿이 된다.

4 숟가락으로 적당량씩 떠서 접시에 떨어뜨려 나란히 놓고 다시 냉장고에서 굳힌다. 꺼내어 카카오파우더를 묻힌다.

MEMO

브랜드 초콜릿 숍의 포장은 아주 멋진 것들이 많지요. 간직해두었다가 예쁜 소품을 넣어두는 데 쓰기도 합니다. 다른 사람들에게 초콜릿을 선물할 때 활용해도 좋아요.

Plus Recipe

같은 과자, 다른 재료
캐러멜 VS. 초콜릿

캐러멜크림을 얹은 피칸타르트

견과류의 풍부한 맛과 가을의 기분을 느낄 수 있는 타르트. 아몬드크림에 잘게 자른 피칸을 듬뿍 넣어요. 피칸 대신 밤을 사용해도 좋고, 여러 가지 견과류를 모아서 만들어도 좋아요.

지름 15cm 원형틀 1개 분량

박력분 · 60g		흰설탕 · 35g	
버터 · 30g		달걀 · 1개	
흰설탕 · 20g		생크림 · 2큰술	
소금 · 조금		옥수수 전분 · 1큰술	
아몬드크림		피칸 · 50g	
아몬드파우더 · 60g			
버터 · 40g		캐러멜크림(p.12) · 20g	

Ready

- 크럼블용 버터는 사방 1cm 크기의 주사위 모양으로 잘라 냉장고에 넣어둔다.
- 아몬드크림용 버터와 달걀은 실온에 두고, 달걀은 풀어놓는다.
- 피칸은 160℃ 오븐에서 6~8분 구워 식혀둔다. 마른 냄비에 볶아서 준비해도 된다.
- 오븐을 180℃로 예열한다.

Recipe

1 먼저 크럼블을 만든다. 커터에 박력분, 흰설탕, 소금을 넣고 3~5초 돌린 다음 체에 내린다. 버터와 함께 다시 커터에 넣은 후 전원을 끄고 켜기를 반복해서 부슬부슬하게 만든다.

2 원형틀 바닥에 ①을 깔고 숟가락으로 눌러 평평하게 다진 다음 180℃로 예열한 오븐에 넣어 살짝 구운 색이 날 때까지 15분 정도 굽는다. 꺼내어 틀째로 식힌다.

3 오븐을 170℃로 예열한다. 아몬드크림을 만든다. 버터, 흰설탕, 아몬드파우더, 풀어놓은 달걀, 생크림, 옥수수 전분을 커터에 넣고 돌려 부드럽게 섞는다. 피칸을 넣고 가볍게 돌린다. 너트가 잘게 부서지면서 전체적으로 고르게 섞이도록 한다.

4 ②의 파이에 ③의 크림을 붓고 표면을 평평하게 만든 다음 170℃로 예열한 오븐에서 30분 정도 굽는다. 식으면 부드러운 상태로 만든 캐러멜크림을 전체에 바르듯이 얹는다. 먹기 직전에 캐러멜크림을 얹어도 맛있다.

TIP

커터가 없을 때는 이렇게!

- **크럼블_** 볼에 박력분, 흰설탕, 소금을 넣고 거품기로 섞는다. 버터를 넣고 가루 재료와 함께 부슬부슬 잘 섞으면 반죽이 완성된다.
- **아몬드크림_** 과정 ③과 같은 순서로 재료를 볼에 넣고, 넣을 때마다 핸드믹서로 잘 섞는다(피칸은 미리 잘게 부순 것을 넣는다).

말차아몬드크림코코아타르트

크럼블에 카카오파우더를 섞어 코코아 색 타르트를 만들었습니다. 말차색 아몬드크림과 선명한 대조를 이루어 어딘지 모르게 겨울 느낌이 나는 타르트입니다. 블랙 카카오파우더가 있으면 같이 사용해서 거무스름한 타르트를 만들어보세요. 한층 더 어른스러운 분위기가 될 거예요. 이런 과자는 깔끔한 도자기 그릇에 담아 나무 쟁반에 차와 함께 내면 잘 어울리지요.

※기본 만드는 법은 '캐러멜크림을 얹은 피칸타르트'와 같고, 포인트 재료만 다른 것을 넣어요. 두 가지를 비교해보세요(밑줄 참조).

지름 15㎝ 원형틀 1개 분량

박력분 · 50g + 카카오파우더 · 10g

버터 · 30g

흰설탕 · 20g

소금 · 조금

아몬드크림

아몬드파우더 · 60g + 말차파우더 · 1/2큰술

버터 · 40g

흰설탕 · 35g

달걀 · 1개

생크림 · 2큰술

옥수수 전분 · 1큰술

밤 조린 것 · 60g

슈거파우더(마무리용) · 적당량

※캐러멜크림은 사용하지 않는다.

Ready

• 밤 조린 것을 잘게 자른다.

Recipe

'캐러멜크림을 얹은 피칸타르트' 재료와 분량을 밑줄 친 부분과 같이 바꾸어 만든다. 밤 조린 것은 과정 ③에서 만든 크림과 섞어 틀에 부어 굽는다. 마무리로 슈거파우더를 뿌린다.

캐러멜치즈케이크

여러 번 해봐서 익숙한 플레인치즈케이크 반죽을 캐러멜크림을 써서 새로운 색과 맛으로 물들였습니다. 만들어둔 캐러멜크림이 있다면 간단하고 쉽게 만들 수 있어요. 진하게 내린 커피와 잘 어울리는 치즈케이크입니다. 사각형으로 굽고, 작은 직사각형으로 잘라 2개씩 접시에 담으면 보기 좋아요. 파운드 모양으로 구워도 재미있습니다.

 **15 x 15㎝ 사각틀 1개 분량**

크림치즈 · 120g
사워크림 · 50g
흰설탕 · 45g
달걀 · 1개
생크림 · 100㎖
레몬즙 · 1/2큰술
박력분 · 10g
소금 · 조금
바닐라에센스 · 조금
캐러멜크림(p.12) · 40g
다이제스티브 비스킷 · 65g
버터 · 30g

Recipe

1 먼저 케이크 바닥을 만든다. 다이제스티브 비스킷을 비닐봉지에 넣고 밀대로 두들겨 잘게 으깬 다음 볼에 옮긴다. 전자레인지로 녹인 버터를 넣고 섞어 반죽한 후 틀 바닥에 빈틈없이 깐다. 숟가락으로 눌러 평평하게 고른 다음 틀째로 냉장고에 넣어둔다.

2 상온에 두어 부드러워진 크림치즈를 볼에 넣고 거품기를 이용해 크림 상태로 저은 다음 흰설탕과 소금을 넣어 섞는다.

3 ②의 볼에 사워크림 → 캐러멜크림 → 풀어둔 달걀 → 생크림 → 박력분 → 레몬즙과 바닐라에센스를 차례로 넣고, 넣을 때마다 잘 섞는다.

4 ③을 체에 걸러 ①의 틀에 붓고 160℃로 예열한 오븐에서 45분 정도 굽는다. 틀째로 냉장고에 넣어 식힌 다음 자른다.

Ready

• 크림치즈, 사워크림, 캐러멜크림, 달걀을 실온에 두고, 달걀은 풀어놓는다.
• 틀에 유산지를 깐다.
• 박력분을 체에 내려둔다.
• 오븐을 160℃로 예열한다.

TIP

• 하루 동안 휴지시키면 맛이 잘 배기 때문에 먹기 전날에 구우면 좋다.

초콜릿마블치즈케이크

녹인 초콜릿으로 마블 무늬를 만든 치즈케이크입니다. 치즈가 들어간 반죽이어서 밀크초콜릿을 쓰면 달콤함이 반죽에 희석되는 느낌이라, 여기서는 카카오 함량이 높은 초콜릿을 사용해 또렷하고 살짝 긴장된 듯한 쓴맛의 치즈케이크를 만들었어요. 얇은 막대기 모양으로 잘라서 예리한 느낌을 연출해보세요. 지름 15~16㎝의 원형으로 구우면 또 새로운 느낌의 케이크가 될 것입니다.
※기본 만드는 법은 '캐러멜치즈케이크'와 같고, 포인트 재료만 다른 것을 넣어요. 두 가지를 비교해보세요(밑줄 참조).

 **15 x 15㎝ 사각틀 1개 분량**

크림치즈 · 120g
사워크림 · 50g
흰설탕 · 45g
달걀 · 1개
생크림 · 100㎖
레몬즙 · 1/2큰술
박력분 · 10g
소금 · 조금
바닐라에센스 · 조금
초콜릿 커버처(비터) · 30g
다이제스티브 비스킷 · 65g
버터 · 30g

**Ready**

•초콜릿을 잘게 잘라 전자레인지나
중탕으로 녹인다.

Recipe

'캐러멜치즈케이크' 과정 ①, ②와 동일하게 만든다. 과정 ③에서 캐러멜 크림을 넣지 않은 채 같은 방법으로 치즈 반죽을 만든다. 완성된 치즈 반죽의 1/3을 다른 볼에 넣고, 녹인 초콜릿을 넣어 섞는다. 이것을 치즈 반죽 볼에 다시 넣고, 한두 차례 고무주걱으로 가볍게 저어 마블 무늬를 만든 후 틀에 부어 굽는다.

캐러멜 밀크바바루아

바바루아는 젤라틴을 녹여 넣은 앙글레즈 소스(Anglaise: 묽은 커스터드 같은 소스)를 기본으로, 생크림을 넣고 섞은 다음 식혀서 굳힌 디저트입니다. 여기에서는 앙글레즈 소스를 만드는 수고를 덜 수 있는 방법을 소개합니다. 쉽지만 바바루아의 부드러운 맛을 흠뻑 느낄 수 있는 레시피예요.

 **약 6인분**

달걀노른자 · 1개 분량
흰설탕 · 30g
우유 · 200㎖
생크림 · 120㎖
가루 젤라틴 · 5g
물 · 2큰술
캐러멜크림(p.12) · 50g

Ready

- 가루 젤라틴에 물 2큰술을 부어 불린다.
- 캐러멜크림을 실온에 두거나 전자레인지에 몇 초 돌려 부드러운 상태로 만든다.
- 우유를 36℃ 정도의 온도로 전자레인지에 데운다.

Recipe

1 볼에 생크림을 넣고, 거품기로 들었을 때 주르륵 흘러내릴 정도로 거품을 내어 냉장고에 넣어둔다.

2 다른 볼에 달걀노른자를 넣고 거품기로 가볍게 푼 다음 흰설탕을 넣어 뽀얗게 될 때까지 섞는다. 우유를 조금씩 넣어가며 섞은 후, 캐러멜크림을 넣어 골고루 섞는다.

3 불려둔 젤라틴을 전자레인지에 몇 초 돌려서 녹인 다음 ②를 한 움큼 떠서 넣고 섞는다. 이것을 ②의 볼에 다시 넣어 섞는다.

4 ③을 체에 걸러 다른 볼에 옮기고, 볼을 얼음물에 담가 천천히 저으면서 끈기가 생기도록 한다.

5 ①의 생크림을 ④에 섞고, 그릇에 부은 후 냉장고에 넣어 굳힌다.

초콜릿밀크바바루아

캐러멜크림 대신에 녹인 초콜릿을 사용하면 초콜릿바바루아가 됩니다. 이런 차가운 과자를 식사 후에 냉장고에서 꺼내면 정말 기쁘겠지요? 커다란 그릇에 굳혀서 나누어 담아도 좋고, 1인분씩 작은 컵에 만들어도 좋습니다. 거품을 낸 생크림을 똑똑 떨어뜨리고 거기에 민트를 얹으면 더 맛있고 사랑스러운 바바루아가 완성될 것입니다.

※기본 만드는 법은 '캐러멜밀크바바루아'와 같고, 포인트 재료만 다른 것을 넣어요. 두 가지를 비교해보세요(밑줄 참조).

 **약 6인분**

달걀노른자 · 1개 분량
<u>흰설탕</u> · 20g
우유 · 200㎖
생크림 · 120㎖
가루 젤라틴 · 5g
물 · 2큰술
<u>초콜릿 커버처(밀크)</u> · 50g

 Ready

• 초콜릿을 잘게 잘라 전자레인지나 중탕으로 녹인다.

 Recipe

밑줄 친 재료와 분량만 바꾸어 '캐러멜밀크바바루아'와 같은 방법으로 만든다.

캐러멜마블시폰

기본 시폰 반죽에 캐러멜소스를 넣어 캐러멜마블시폰으로 만들어봤어요. 폭신폭신하고 부드럽게 구운 시폰. 갓 구워진 빵을 볼 때면 잘 구워졌는지 손으로 쪼개보고 싶은 마음은 저만 느끼는 것일까요? 편하게 차 한 잔 하는 시간이라면 나이프로 자르지 말고 손으로 직접 쪼개어 접시에 담아도 좋습니다.

 **지름 17㎝ 시폰틀 1개 분량**

박력분 · 65g
달걀흰자 · 3개 분량
달걀노른자 · 2개 분량
흰설탕 · 65g
물 · 50㎖
샐러드유 · 35㎖
베이킹파우더 · 1/2작은술
소금 · 조금
캐러멜크림(p.12) · 40g

Ready

• 박력분, 베이킹파우더, 소금을 섞어 체에 내린다.

• 캐러멜크림을 부드러운 상태로 만든다(실온에 두거나 전자레인지에 넣어 몇 초 돌린다).

• 오븐을 160℃로 예열한다.

Recipe

1 볼에 달걀노른자를 넣고 거품기로 가볍게 치댄 다음 흰설탕의 약 1/3~1/2을 넣고 섞는다. 물, 샐러드유를 차례로 조금씩 넣고, 넣을 때마다 잘 섞는다. 가루 재료를 한 번에 체에 내려 넣고 부드러운 상태가 될 때까지 확실히 젓는다.

2 다른 볼에 달걀흰자를 넣고, 남은 흰설탕을 조금씩 넣으면서 핸드믹서로 거품을 내어 윤기 나는 머랭을 만든다.

3 ①에 ②의 머랭을 한 주걱 떠 넣고 거품기로 가볍게 섞은 다음 고무주걱으로 바꿔 남은 머랭의 1/2을 넣고 밑에서부터 크게 떠내듯 가볍게 섞는다.

4 ③을 ②의 머랭 볼에 다시 넣고, 밑에서부터 크게 떠내듯 섞은 후, 머랭의 흰 부분이 보이지 않을 때까지 재빠르게 섞는다. 거품이 꺼지지 않게 조심해서 섞어야 하며 다 섞은 반죽은 윤기가 나고 폭신폭신한 상태여야 한다.

5 ④의 반죽을 한 움큼 떠서 다른 볼에 담고 캐러멜크림을 넣어 잘 섞는다. 이것을 다시 ④에 붓고 1~2번 가볍게 섞어 마블 무늬를 만든다.

6 ⑤를 시폰틀에 붓고, 천천히 흔들어 표면을 평평하게 고른다. 160℃로 예열한 오븐에서 30분 정도 굽는다. 가운데를 꼬치로 찔러봤을 때 반죽이 묻어나지 않으면 익은 것이다. 오븐에서 꺼낸 후 곧장 틀을 거꾸로 세워 완전히 식힌다.

7 케이크가 완전히 식으면, 시폰 나이프와 스패출러를 틀과 케이크 사이에 찔러 넣고 틀의 둘레를 따라 돌려서 케이크를 틀로부터 분리시킨다.

코코아시폰

질 좋은 코코아파우더를 확실하게 배합해서 맛을 낸 시폰케이크예요. 보통 시폰을 만들 때보다 흰설탕을 좀 더 많이 넣는 것은 코코아의 쓴맛과 균형을 맞추기 위해서입니다. 코코아의 유분으로 머랭의 거품이 쉽게 없어질 수 있으니 반죽을 할 때 좀 더 정성껏, 그러면서도 빨리 만들어주세요.

※기본 만드는 법은 '캐러멜마블시폰'과 같고, 포인트 재료만 다른 것을 넣어요. 두 가지를 비교해보세요(밑줄 참조).

 지름 17㎝ 시폰틀 1개 분량

박력분 · 45g + 코코아파우더 · 20g
달걀흰자 · 3개 분량
달걀노른자 · 2개 분량
흰설탕 · 75g
물 · 50㎖

초콜릿 리큐어 · 1/2큰술(물과 섞어서 사용)
샐러드유 · 35㎖
베이킹파우더 · 1/2작은술
소금 · 조금
※ 캐러멜크림은 사용하지 않는다.

Ready

• 초콜릿을 잘게 잘라 전자레인지나 중탕으로 녹인다.

Recipe

'캐러멜마블시폰' 재료와 양을 밑줄 친 부분과 같이 바꾸고 과정 ④와 같이 반죽을 완성한다. 코코아시폰은 마블 모양을 만들지 않기 때문에 과정 ⑤를 생략하고 과정 ⑥으로 진행한다.

캐러멜컵케이크

폭신폭신 가벼운 형태의 버터케이크 반죽을 머핀틀에 굽고, 거품을 낸 생크림으로 토핑해도 모양이 예뻐요. 캐러멜크림을 걸쭉하게 만들어 장식하면 귀여운 컵케이크가 됩니다. 케이크 반죽의 단맛은 메이플 슈거를 사용했기 때문에 향이 좋고 매우 자연스러운 맛이 나지요.

 **지름 7㎝ 머핀 10개 분량**

박력분 · 80g
베이킹파우더 · 1/8작은술
버터 · 60g
메이플 슈거 · 50g
달걀 · 2개
우유 · 1큰술
꿀 · 1/2큰술
소금 · 조금
토핑 크림
생크림 · 120㎖
흰설탕 · 1작은술
캐러멜크림(p.12) · 적당량

Ready

• 박력분, 베이킹파우더, 소금을 넣어 체에 내린다.

• 달걀을 실온에 둔다.

• 틀에 유산지를 깐다.

• 오븐을 170℃로 예열한다.

Recipe

1 내열 볼에 버터, 우유, 꿀을 넣고, 전자레인지나 중탕으로 녹여 식지 않도록 보온해둔다(중탕으로 녹였다면 뜨거운 물에 받쳐 그대로 둔다).

2 다른 볼에 달걀을 넣고 핸드믹서로 가볍게 푼 다음 메이플 슈거를 넣고 대충 젓는다.

3 ②를 중탕으로 뜨거운 물에 올려 거품을 내고, 반죽이 36℃ 정도로 따뜻해지면 중탕에서 뺀 후, 뽀얗게 될 때까지 그대로 거품을 계속 낸다.

4 폭신폭신하게 거품이 올라오면(건져낸 반죽이 천천히 떨어져서 리본 모양으로 쌓여 잠깐 유지될 정도), ①을 2~3회에 나누어 넣고 고무주걱으로 밑에서부터 크게 떠내듯이 섞는다.

5 가루 재료를 한데 모아 체에 내려 ④에 넣고, 날가루가 보이지 않을 때까지 부드럽게 밑에서부터 크게 떠내듯이 섞는다.

6 ⑤를 틀에 붓고 170℃로 예열한 오븐에서 15~20분 정도 굽는다. 가운데를 꼬치로 찔러봤을 때 반죽이 묻어나지 않으면 익은 것이다.

7 생크림에 흰설탕을 넣고, 거품기로 떴을 때 끝 부분이 뾰족하게 설 정도로 거품을 낸다. 별모양 깍지를 끼운 짤주머니에 넣고 ⑥의 케이크 위에 짠다. 실온에 두거나 전자레인지에 몇 초 돌려 부드러워진 캐러멜크림으로 생크림 위에 촘촘하게 선을 그려 장식한다(캐러멜크림은 짤주머니나 작은 비닐봉지에 넣어 끝 부분을 조금 잘라 짜내어도 좋고, 숟가락으로 떠서 장식해도 좋다).

TIP

• 메이플 슈거가 없으면 흰설탕을 사용해도 된다.

초코크림컵케이크

위에 얹은 초코크림이 포인트가 되게 하고 싶어서, 케이크 반죽은 흰설탕을 이용해 오히려 평범하게 했어요. 종이 머핀컵은 잡화점에서 빨간 하트가 그려진 평범한 것을 골라보았습니다. 요즘 유행하는 갈색 반투명 머핀컵이나 갈색 글라신지 케이스에 구우면 컵케이크가 세련된 느낌으로 변하겠지요.

※기본 만드는 법은 '캐러멜컵케이크'와 같고, 포인트 재료만 다른 것을 넣어요. 두 가지를 비교해보세요(밑줄 참조).

 **지름 7㎝ 머핀 10개 분량**

박력분 · 80g

베이킹파우더 · 1/8작은술

버터 · 60g

흰설탕 · 50g

달걀 · 2개

우유 · 1큰술

꿀 · 1/2큰술

소금 · 조금

토핑 크림

생크림 · 100㎖

초콜릿 커버처(세미스위트) · 25g +

우유 · 1큰술

※ 캐러멜크림은 사용하지 않는다.

 ## Ready

• 초콜릿을 잘게 잘라 우유와 섞어 전자레인지나 중탕으로 녹인다.

 ## Recipe

'캐러멜컵케이크' 재료와 양을 밑줄 친 부분과 같이 바꾸어 만든다.

초코크림 만드는 방법

녹인 초콜릿을 볼에 담는다. 생크림을 조금씩 따라가며 거품기로 섞고(한 번에 넣으면 초콜릿이 딱딱해지기 때문에 주의한다), 생크림을 전부 섞었으면 거품기로 떴을 때 끝 부분이 설 정도로 거품을 낸다.

CARAMEL & CHOCOLATE

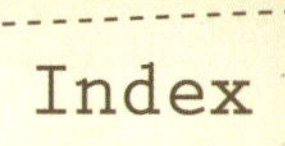

다카코의 달콤한 디저트 이야기, 첫 번째
캐러멜과 초콜릿으로 만든 과자

1판 1쇄 인쇄 2010년 12월 8일
1판 1쇄 발행 2010년 12월 15일

지은이 이나다 다카코
옮긴이 은수

발행인 양원석
편집장 이희원
책임편집 서주희
디자인 Sunda
교정 · 교열 김미희
일러스트 정아현
영업마케팅 김성룡, 백창민, 윤석진

펴낸 곳 랜덤하우스코리아(주)
주소 서울시 금천구 가산동 345-90 한라시그마밸리 20층
편집문의 02-6443-8861 **구입문의** 02-6443-8838
홈페이지 www.randombooks.co.kr

등록 2004년 1월 15일 제2-3726호
ISBN 978-89-255-4125-9 13590